理工系の数学入門コース
[新装版]

確率・統計

理工系の
数学入門コース
[新装版]

確率・統計
PROBABILITY AND STATISTICS

薩摩順吉
Junkichi Satsuma

An Introductory Course of
Mathematics for
Science and Engineering

岩波書店

理工系学生のために

数学の勉強は

　現代の科学・技術は，数学ぬきでは考えられない．量と量の間の関係は数式で表わされ，数学的方法を使えば，精密な解析が可能になる．理工系の学生は，どのような専門に進むにしても，できるだけ早く自分で使える数学を身につけたほうがよい．

　たとえば，力学の基本法則はニュートンの運動方程式である．これは，微分方程式の形で書かれているから，微分とはなにかが分からなければ，この法則の意味は十分に味わえない．さらに，運動方程式を積分することができれば，多くの現象がわかるようになる．これは一例であるが，大学の勉強がはじまれば，理工系のほとんどすべての学問で，微分積分がふんだんに使われているのが分かるであろう．

　理工系の学問では，微分積分だけでなく，「数学」が言葉のように使われる．しかし，物理にしても，電気にしても，理工系の学問を講義しながら，これに必要な数学を教えることは，時間的にみても不可能に近い．これは，教える側の共通の悩みである．一方，学生にとっても，ただでさえ頭が痛くなるような理工系の学問を，とっつきにくい数学とともに習うのはたいへんなことであろう．

数学の勉強は外国などでの生活に似ている．はじめての町では，知らないことが多すぎたり，言葉がよく理解できなかったりで，何がなんだか分からないうちに一日が終わってしまう．しかし，しばらく滞在して，日常生活を送って近所の人々と話をしたり，自分の足で歩いたりしているうちに，いつのまにかその町のことが分かってくるものである．

数学もこれと同じで，最初は理解できないことがいろいろあるので，「数学はむずかしい」といって投げ出したくなるかもしれない．これは知らない町の生活になれていないようなものであって，しばらく我慢して想像力をはたらかせながら様子をみていると，「なるほど，こうなっているのか！」と納得するようになる．なんども読み返して，新しい概念や用語になれたり，自分で問題を解いたりしているうちに，いつのまにか数学が理解できるようになるものである．あせってはいけない．

直接役に立つ数学

「努力してみたが，やはり数学はむずかしい」という声もある．よく聞いてみると，「高校時代には数学が好きだったのに，大学では完全に落ちこぼれた」という学生が意外に多い．

大学の数学は抽象性・論理性に重点をおくので，ちょっとした所でつまずいても，その後まったくついて行けなくなることがある．演習問題がむずかしいと，高校のときのように問題を解きながら学ぶ楽しみが少ない．数学を専攻する学生のための数学ではなく，応用としての数学，科学の言葉としての数学を勉強したい．もっと分かりやすい参考書がほしい．こういった理工系の学生の願いに応えようというのが，この『理工系の数学入門コース』である．

以上の観点から，理工系の学問においてひろく用いられている基本的な数学の科目を選んで，全8巻を構成した．その内容は，

1. 微分積分
2. 線形代数
3. ベクトル解析
4. 常微分方程式
5. 複素関数
6. フーリエ解析
7. 確率・統計
8. 数値計算

理工系学生のために ——— vii

である．このすべてが大学1,2年の教科目に入っているわけではないが，各巻はそれぞれ独立に勉強でき，大学1年，あるいは2年で読めるように書かれている．読者のなかには，各巻のつながりを知りたいという人も多いと思うので，一応の道しるべとして，相互関係をイラストの形で示しておく．

　この入門コースは，数学を専門的に扱うのではなく，理工系の学問を勉強するうえで，できるだけ直接に役立つ数学を目指したものである．いいかえれば，理工系の諸科目に共通した概念を，数学を通して眺め直したものといえる．長年にわたって多くの読者に親しまれている寺沢寛一著『数学概論』(岩波書店刊)は，「余は数学の専門家ではない」という文章から始まっている．入門コース全8巻の著者も，それぞれ「私は数学の専門家ではない」というだろう．むしろ，数学者でない立場を積極的に利用して，分かりやすい数学を紹介したい，というのが編者のねらいである．

　記述はできるだけ簡単明瞭にし，定義・定理・証明のスタイルを避けた．ま

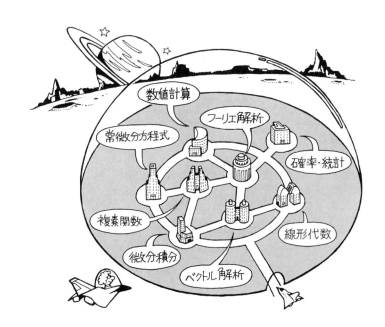

た，概念のイメージがわくような説明を心がけた．定義を厳正にし，定理を厳密に証明することはもちろん重要であり，厳正・厳密でない論証や直観的な推論には誤りがありうることも注意しなければならない．しかし，'落とし穴'や'つまずきの石'を強調して数学をつき合いにくいものとするよりは，数学を駆使して一人歩きする楽しさを，できるだけ多くの人に味わってもらいたいと思うのである．

すべてを理解しなくてもよい

　この『理工系の数学入門コース』によって，数学に対する自信をもつようになり，より高度の専門書に進む読者があらわれるとすれば，編者にとって望外の喜びである．各巻末に添えた「さらに勉強するために」は，そのような場合に役立つであろう．

　理解を確かめるため各節に例題と練習問題をつけ，さらに学力を深めるために各章末に演習問題を加えた．これらの解答は巻末に示されているが，できるだけ自力で解いてほしい．なによりも大切なのは，積極的な意欲である．「たたけよ，さらば開かれん」．たたかない者には真理の門は開かれない．本書を一度読んで，すぐにすべてを理解することはたぶん不可能であろう．またその必要もない．分からないところは何度も読んで，よく考えることである．大切なのは理解の速さではなく，理解の深さであると思う．

　この入門コースをまとめるにあたって，編者は全巻の原稿を読み，執筆者にいろいろの注文をつけて，再三書き直しをお願いしたこともある．また，執筆者相互の意見や岩波書店編集部から絶えず示された見解も活用させてもらった．今後は読者の意見も聞きながら，いっそう改良を加えていきたい．

1988年4月8日

編者　戸田盛和
　　　広田良吾
　　　和達三樹

はじめに

　本書は大学2～3年次で学ぶ確率・統計の入門書ないしは参考書であり，数学をとくに専門としない理工系の学生を対象としている．

　世の中にあるさまざまな偶然から法則性を抽出し，その法則にもとづいて現象を説明したり，部分から全体をおしはかったりするのが確率・統計の目的である．確率論では，まず場合の数をかぞえることから出発し，ある事象が起こる確率をもとにして確率変数を定義する．そして，その変数がどういう値をとるかという確率分布について性質を調べる．また統計学では，多くの個体を含む集団からいくつかの個体を標本としてとり出し，その標本をもとにして集団の分布に関する性質を推測する．そのさい，確率論の知識が基礎となる．

　確率論はもともとカード遊びに端を発している．統計学は社会調査から始まり，とくに生物学の研究の中で理論化がすすんだ．また，大量生産技術の進展とともに，品質管理などにも大いに用いられるようになった．さらに，コンピュータの発展ともあいまって，理工学だけでなく経済学や心理学の分野へも応用がすすんできている．このように，応用と密着しながら発展してきたという点で，確率・統計は本コースの他の数学の分野と多少趣きを異にしている．

　確率・統計に関する書物はすでに数多く出版されているが，数学に重点をおいたものは抽象的すぎるきらいがあり，一方，応用を重視した本では数学的根

拠が軽視されている場合が多い．本書は「直接役に立つ数学を」という立場から，実際に応用されることがらについて，その基礎となる数学をていねいに説明した．出てくる式については，その意味を知ってもらうことを目標に，できるかぎり導出過程を明らかにした．そのさい，あまり厳密さにとらわれず，つねに簡単な例から出発するように心がけた．

筆者は数学の専門家ではない．確率・統計についても同様である．現在は数理物理学を専攻しているが，じつは大学入学時には確率・統計をやりたいと思っていた．志望変更の理由として，興味の対象が変わったこともあげられるが，学生時代，どうも数学はとっつきにくいという印象をもったせいもある．しかし，大学を卒業して20年以上たち，ようやく数学の面白さも分かりかけてきた．できるだけ数学的な本質をそこなわずに，しかも興味をもてるようにできないかというのが，この本を書くさい，とくに留意した点である．遊びが多すぎるとの批判もあるだろう．しかし，分かりやすくかつ面白くという精神は，どんな学問をするときにも重要なことであると筆者は信じている．

本を意図どおりに書くというのはそう簡単な作業ではない．研究論文を完成したときと同様，これはいい仕事だという自信と，誰も読んでくれないだろうという不安が，同時に胸中をよぎる．内容のよしあしについては，読者の判断にゆだねるばかりである．

本書を書くにあたっては，編者の先生方から多くの御教示を頂いた．また，宮崎大学工学部の四ツ谷晶二氏から有益なご意見を頂いた．さらに，筆者が4年あまり勤務した宮崎医科大学の学生諸君に提出してもらったレポートから多くの問題を採用した．心からお礼を申し上げたい．また，岩波書店編集部の片山宏海氏からは本書の内容だけでなく，本とはどうあるべきかについて，多くの貴重なご意見を頂いた．氏の協力，叱咤激励がなければこの本は陽の目をみなかったであろう．深く感謝申し上げる．

1989年1月

薩 摩 順 吉

目次

理工系学生のために
はじめに

1 基礎的な知識 ･･････････････ 1
1-1 集合と場合の数 ･･････････ 2
1-2 順列と組合せ ･･････････ 7
1-3 2項定理 ･･････････････ 12
第1章演習問題 ･･････････････ 15

2 確率 ･･････････････････････ 17
2-1 確率の定義 ･･････････････ 18
2-2 確率の性質 ･･････････････ 22
2-3 条件付き確率 ･･････････ 27
第2章演習問題 ･･････････････ 33

3 確率変数 ･･････････････････ 35
3-1 確率変数と確率分布関数 ･･･ 36
3-2 期待値と分散 ･･････････ 41

- 3-3 モーメントと変数変換・・・・・・・・・・ 48
- 3-4 多変数の場合・・・・・・・・・・・・・・ 54
- 3-5 共分散と相関係数・・・・・・・・・・・・ 60
- 第3章演習問題・・・・・・・・・・・・・・・・ 65

4 主な分布・・・・・・・・・・・・・・・・・ 67
- 4-1 2項分布・・・・・・・・・・・・・・・・ 68
- 4-2 ポアソン分布，多項分布，超幾何分布・・・ 75
- 4-3 中心極限定理と正規分布・・・・・・・・・ 82
- 第4章演習問題・・・・・・・・・・・・・・・・ 94

5 標本と統計量の分布・・・・・・・・・・・ 97
- 5-1 母集団と標本・・・・・・・・・・・・・・ 98
- 5-2 標本の整理・・・・・・・・・・・・・・・101
- 5-3 統計量の性質・・・・・・・・・・・・・・106
- 5-4 正規母集団・・・・・・・・・・・・・・・113
- 5-5 正規母集団に対する標本分布・・・・・・・119
- 第5章演習問題・・・・・・・・・・・・・・・・132

6 推定と検定・・・・・・・・・・・・・・・・135
- 6-1 点推定・・・・・・・・・・・・・・・・・136
- 6-2 区間推定・・・・・・・・・・・・・・・・139
- 6-3 仮説と検定・・・・・・・・・・・・・・・144
- 6-4 母数の検定・・・・・・・・・・・・・・・149
- 6-5 適合度と独立性の検定・・・・・・・・・・154
- 6-6 最小2乗法と相関係数の推定・検定・・・・161
- 第6章演習問題・・・・・・・・・・・・・・・・172

7 確率過程・・・・・・・・・・・・・・・・・175
- 7-1 確率過程の例・・・・・・・・・・・・・・176

7-2　マルコフ過程・・・・・・・・・・・・・・・182
第7章演習問題・・・・・・・・・・・・・・・190

さらに勉強するために・・・・・・・・・・・・193

問題略解・・・・・・・・・・・・・・・・・・195

附表・・・・・・・・・・・・・・・・・・・・211
　1. 乱数表の例
　2. 正規分布
　3. χ^2分布
　4. F分布(1) ($\alpha = 0.05$)
　5. F分布(2) ($\alpha = 0.01$)
　6. t分布

索引・・・・・・・・・・・・・・・・・・・219

```
コーヒー・ブレイク

  パスカルの3角形    13
  ラプラス    22
  メレの問題    34
  サイコロの歴史    66
  偏差値    95
  モンテカルロ法    134
  フィッシャー    160
  ジップの法則    174
  ゲームにおける「つき」の確率    192
```

カット＝浅村彰二

1

基礎的な知識

確率・統計の基本の1つは，あることが起こる場合の数をかぞえることである．そのためにまず必要な土台として，集合の概念を導入し，場合の数についての基本法則を理解する．順列・組合せの諸公式や2項定理は，以後の章の基礎となるものであるから，十分に身につけておくことが望ましい．

1–1　集合と場合の数

　集合　「ある大学の学生全体」といえば，範囲が明確にきまった集まりを表わす．このような集まりを**集合**(set)という．そして，その大学の学生1人1人のように，集合を構成している個々のものを**要素**(element)という．要素 a が集合 A に属しているときは，

$$a \in A$$

と書き，「a は A の要素である」と読む．属していないときは $a \notin A$ と書く．
　ある集合の要素の数が有限個のとき，この集合を**有限集合**という．たとえば，サイコロの偶数目全体の集合を A とすれば，それは有限集合であり，

$$A = \{2, 4, 6\}$$

とか，

$$A = \{x \mid x \text{ はサイコロの偶数目}\}$$

のように表わす．
　要素の数が無限個の集合を**無限集合**という．たとえば，整数全体は無限集合である．そのなかで正の奇数だけを考えても，その全体はやはり無限集合である．これを B とすれば，

$$B = \{1, 3, 5, 7, \cdots\}$$

とか，

$$B = \{y \mid y \text{ は正の奇数}\}$$

のように表わす．
　一般に，集合 A のどの要素も集合 B の要素であるとき，A は B の**部分集合**(subset)といい，

$$A \subseteqq B$$

と表わす．これは「A は B に含まれるか等しい」と読む．たとえば，正の奇数全体は整数全体の部分集合というわけである．$A \subseteqq B$ かつ $B \subseteqq A$ のときは，$A = B$ である．つまり，A と B の要素は一致している．$A \subseteqq B$ で A と B が等し

くないときには，A は B の**真部分集合**といい，
$$A \subset B$$
と表わす.「A は B に含まれる」と読めばよい. $\subseteq$ や $\subset$ の記号は，$A \subseteq B$ の代りに $B \supseteq A$ と書いても同じことである.

[例1] $A = \{a \mid a\,$は6の倍数$\}$，$B = \{b \mid b\,$は3の倍数$\}$ のとき，$A \subset B$ である. $A \subseteq B$ と書くこともできる. ▎

2つの集合 A, B について，A と B のどちらにも属する要素全体が作る集合を，A と B の**共通部分**(intersection)といい，
$$A \cap B$$
で表わす. これは「A かつ B」と読むが，$\cap$ の形が帽子(キャップ)に似ていることから，「A キャップ B」と呼ぶこともある.

A と B の少なくとも一方に含まれる要素全体の集合を，A と B の**和集合**(union)といい，
$$A \cup B$$
で表わす. $\cup$ は union の頭文字である. これは「A または B」と読むが，やはり $\cup$ の形から「A カップ B」と呼ぶこともある. コップということはない.

[例2] $A = \{1, 3, 5, 7, 9\}$，$B = \{3, 6, 9\}$ のとき，$A \cap B = \{3, 9\}$，$A \cup B = \{1, 3, 5, 6, 7, 9\}$. ▎

はじめに1つの集合 U を指定して，U の要素や部分集合を考えるとき，U を**全体集合**(universe)という. 宇宙というわけである. U の部分集合を A としよう. A に属していない要素全部でできる集合を A の**補集合**(complementary set)といい，$\bar{A}$ で表わす. $U - A$，A_c などと書くこともある. 要するに，全体からある部分を除いた残りだと思えばよい.

集合のあいだの関係をしらべるさいに，要素を1つももたない集合を考えることが必要になる. これを**空集合**(null set)といい，$\emptyset$ で表わす.

ベンの図と集合の演算 集合は，図1-1のように閉じた図形で表わすと便利である. このような図をベン(Venn)の図という.

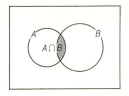
(a) 共通部分

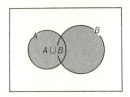
(b) 和集合

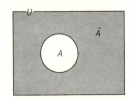
(c) 補集合

図1-1 ベンの図

集合の演算について，次の式が成り立つ．

交換法則　　$A \cup B = B \cup A$ 　　　　　　　　　　　　　(1.1)

　　　　　　　$A \cap B = B \cap A$ 　　　　　　　　　　　　　(1.2)

結合法則　　$A \cup (B \cup C) = (A \cup B) \cup C$ 　　　　　　　(1.3)

　　　　　　　$A \cap (B \cap C) = (A \cap B) \cap C$ 　　　　　　　(1.4)

分配法則　　$A \cap (B \cup C) = (A \cap B) \cup (A \cap C)$ 　　　　(1.5)

　　　　　　　$A \cup (B \cap C) = (A \cup B) \cap (A \cup C)$ 　　　　(1.6)

ド・モルガンの法則　$\overline{(A \cap B)} = \bar{A} \cup \bar{B}$ 　　　　　　　　(1.7)

　　　　　　　$\overline{(A \cup B)} = \bar{A} \cap \bar{B}$ 　　　　　　　　(1.8)

ベンの図をもちいると，これらの式は直観的に理解できる．たとえば(1.5)は図1-2で確認できる．これらの法則で，(1.1)と(1.2)，(1.3)と(1.4)という

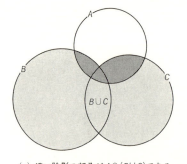
(a) 濃い陰影の部分が $A \cap (B \cup C)$ である

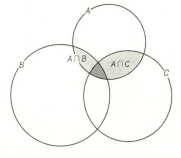
(b) 陰影部分全体が $(A \cap B) \cup (A \cap C)$ である

図1-2 「BとCの和」とAとの共通部分は，「AとBの共通部分」と「AとCの共通部分」との和に等しい．

ようなおのおのの対は，それぞれ∩と∪を入れかえたものになっている．この性質を双対原理という．さらに次の式が成り立つ．ベンの図をもちいて理解しておいてほしい．

$$(\overline{\overline{A}}) = A \tag{1.9}$$
$$A \cap \bar{A} = \phi \tag{1.10}$$

A が U の部分集合のとき，

$$A \cup U = U \tag{1.11}$$
$$A \cap U = A \tag{1.12}$$

要素の数 有限集合 A に対して，その要素の数を $n(A)$ と書く．

[例3] $A=\{x|x$ は2つのサイコロの目の和$\}$ のとき，$x=2, 3, 4, \cdots, 12$ の場合があるから，$n(A)=11$．

2つの有限集合 A, B の要素の数について次の式が成り立つ．

$$n(A \cup B) = n(A) + n(B) - n(A \cap B) \tag{1.13}$$

ベンの図を描いてみるとわかるように，$n(A)+n(B)$ は共通部分を2回数えていることになるので，その分を1回だけ引いてやるのである．

[例4] 1から100までの整数について，3または5の倍数の数は，$A=\{x|x$ は3の倍数$\}$，$B=\{y|y$ は5の倍数$\}$ として，$n(A \cup B)$ で与えられる．$A \cap B = \{z|z$ は15の倍数$\}$ であり，$n(A)=33$, $n(B)=20$, $n(A \cap B)=6$ だから，$n(A \cup B)=33+20-6=47$．

特に，$A \cap B=\phi$ のとき，共通部分がないのだから，(1.13)は

$$n(A \cup B) = n(A) + n(B) \tag{1.14}$$

となる．

要素の数は，例3のように，あることがらが起こる場合の数と考えてもよい．このとき(1.14)は次のようにいい表わすことができる．

> **和の法則** 2つのことがら A, B について，A の起こる場合の数が $n(A)$ で，B の起こる場合の数が $n(B)$ のとき，A と B が同時に起こることがなければ，A と B のどちらかが起こる場合の数は，

> 全部で
> $$n(A)+n(B)$$
> 通りである．

2つの集合 A, B について，それぞれ1つずつ要素 a, b をとり，a のあとに b の順番に並べたものを (a, b) で表わし，**順序対**という．A のすべての要素と，B のすべての要素を，やはり順番に並べてつくった順序対の全体を，A と B の **直積** (direct product) といい，$A \times B$ で表わす．積といっても，べつに掛け算ではない．

$A \times B$ もやはり集合であり，
$$A \times B = \{(a, b) | a \in A,\ b \in B\}$$
と書く．A, B が有限集合のとき，その直積の要素の数は，
$$n(A \times B) = n(A) \times n(B) \tag{1.15}$$
で与えられる．右辺の $\times$ はふつうの掛け算である．

[例5] $A=\{1, 5, 7\}$, $B=\{x, y\}$ のとき，$A \times B=\{(1, x), (1, y), (5, x), (5, y), (7, x), (7, y)\}$ である．そして，$n(A \times B)=n(A) \times n(B)=3 \times 2=6$. ∎

要素の数を場合の数と読みかえて，(1.15)は次のようにいい表わすことができる．

> **積の法則** 2つのことがら A, B について，A の起こる場合の数が $n(A)$ で，A の1つの起こり方に対して B の起こる場合の数が $n(B)$ であるとき，A と B が引き続いて起こる場合の数は，全部で
> $$n(A) \times n(B)$$
> 通りである．

和の法則，積の法則ともに，3つ以上のことがらに対しても同じように成り立つ．

━━━━━━━━━━━━━━━━━━━ 問 題 1-1 ━━━━━━━━━━━━━━━━━━━

1. U を全体集合として，$n(U)=100$，$n(\bar{A})=50$，$n(A\cap\bar{B})=20$，$n(A\cup B)=60$ とする．$n(A)$，$n(B)$，$n(A\cap B)$ はいくらか．

2. 大小2個のサイコロを振って，その目の和が奇数になる場合は何通りあるか．

━━

1-2 順列と組合せ

順列 のど自慢大会で，5人が歌い，審査員が1位，2位，3位と成績をつける．このように，与えられた複数個のものからいくつかをとって，**順番に1列に並べたものを順列**(permutation)という．順列は，一般に，いく通りかの決め方がある．5人ののど自慢の場合，1位の選び方は5通りあり，1位を決めると2位の選び方は4通り，さらに1位，2位を決めると3位の選び方は3通りあるから，5人の中から3位までを決める決め方は，積の法則によって $5\times 4\times 3=60$ 通りあることになる．これを**順列の数**という．

一般に，n 個の異なるものから，任意に r 個とって，1列に並べる順列の数は

$$_nP_r = n(n-1)(n-2)\cdots(n-r+1) \qquad (n\geq r) \qquad (1.16)$$

で与えられ，「パーミュテイション n,r」または「P の n,r」と読む．特に $r=n$ のとき，すなわち，異なる n 個のものを全部1列に並べるときの順列の数は，

$$_nP_n = n(n-1)(n-2)\cdots 2\cdot 1 = n! \qquad (1.17)$$

である．$n!$ は n の**階乗**という．この記号を使うと，

$$_nP_r = \frac{n!}{(n-r)!} \qquad (1.18)$$

と書くことができる．ただし，$0!=1$ と定義する．

[例1] $_nP_r = {}_{n-1}P_r + r\cdot{}_{n-1}P_{r-1}$ が成り立つ．この式は n 個の場合と $n-1$ 個の場合を関係づける漸化式になっている．

$$\therefore \text{右辺} = \frac{(n-1)!}{(n-1-r)!} + \frac{r(n-1)!}{(n-r)!} = \frac{(n-1)!}{(n-r)!}(n-r+r)$$
$$= \frac{n!}{(n-r)!} = \text{左辺} \quad \blacksquare$$

重複順列　電卓のキーボードに数字を打ちこんで，何桁かの自然数をつくるときのように，n個の異なるものから，繰り返しを許してr個とり，1列に並べる順列(**重複順列**)の数は，

$$n^r = \underbrace{n \cdot n \cdots n}_{r \text{個}} \tag{1.19}$$

[例2]　$1, 2, 3$の3個の数字をもちいて，4桁の自然数をつくるとき，その総数は，1000の位が3通り，100の位が3通り，10の位が3通り，1の位が3通りであるから，積の法則より，$3 \times 3 \times 3 \times 3 = 3^4 = 81$通り．$\blacksquare$

同じものがある場合の順列　これまでは，5人の歌い手や，$1, 2, 3$の3個の数字のように，すべてが異なるものをどう並べるかという問題を考えてきた．ところが碁石の場合はどうだろうか．碁石は，黒白2種類あり，それぞれの種類の中ではおのおのの石を区別できない．こういうものを並べる場合の順列の数の計算では，種類わけを考えることが必要となる．

[例3]　aと書いた板が3枚，bと書いた板が2枚ある．この5枚の板を並べて，1つの単語をつくる．できる単語(順列)の数をxとしよう．たとえば，図1-3の並べ方abaabで，aの板に番号をつけて3枚のaをa_1, a_2, a_3として区別すると，aの場所に順番に並べる方法は$3!$通りある．さらにbをb_1, b_2のように区別して，bの場所に順番に並べる方法は$2!$通りある．したがって，積の法則からa, bをすべて区別して並べると$x \times 3! \times 2!$通りの方法があることになるが，これは異なる5個のものを1列に並べる順列の数$5!$に等しい．

$$x \times 3! \times 2! = 5! \quad \therefore \quad x = \frac{5!}{3!2!} = 10 \quad \blacksquare$$

一般に，n個のものがc個の組(クラス，グループ)に分けられていて，同じ組に属するものどうしは区別できないが，異なる組に属するものは区別できる

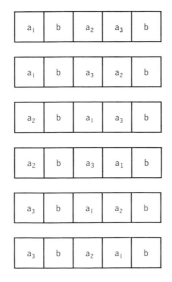

図1-3 いくつかの組に分かれているものからとり出してつくる順列．aを全部区別すると，この6個は異なるが，区別しないと同じものになる．

とき，これら n 個すべてを1列に並べる順列の数は，

$$\frac{n!}{n_1!n_2!\cdots n_c!} \quad (n_1+n_2+\cdots+n_c=n) \tag{1.20}$$

ただし，n_j は j 番目の組に属するものの数である．$n_1=n_2=\cdots=n_c=1$，すなわち，各組に1個ずつしかないときは，(1.20)は(1.17)と同じになる．

組合せ これまでは，1列に並べるときの並べ方について考えてきた．こんどは並べる順序は考えずに，単に組分けだけを問題とする．

与えられた複数個のものから，順序づけはしないでいくつか選んだ組を，**組合せ**(combination)という．たとえば，競馬では8頭で走る場合には，馬に1～8の番号をつけ，1着，2着を予想する(本当は枠番号なのだが，ここでは簡単のため馬番号とする)．もし3-5という馬券を買って，1着が3番，2着が5番，もしくは1着が5番，2着が3番なら，配当金を受けとれる．これを連勝複式という．3-5か5-3かの順序は問わないのである．「はずれ」も含めると，8頭の組合せの数は，1-2, 1-3, …, 1-8, 2-3, 2-4, …, 2-8, 3-4, …, 7-8の合計28通りある．

一般に，n個の異なるものから，任意にr個とった組合せの数は

$$_nC_r = \frac{_nP_r}{r!} = \frac{n(n-1)\cdots(n-r+1)}{r!} = \frac{n!}{r!(n-r)!} \qquad (1.21)$$

で与えられ，「コンビネーションn,r」または「Cのn,r」と読む．上述の競馬の場合，$n=8$で$r=2$だから，$_8C_2 = 8\times 7/2! = 28$ となるわけである．

(1.21)の最後の表現から，

$$_nC_r = {_nC_{n-r}} \qquad (1.22)$$

の成り立つことがわかる．$_nC_r$のかわりに$\binom{n}{r}$と書くこともある．

[例4] A君，B君，C君，D君，E君の5人から3人を選んで1つの組を作るときの組合せの数をxとしよう．そのうちの1つの組で，たとえば，A君，B君，C君を並べるときの順列の数は3!通りある．したがって，5人から3人とり出して順番に並べる方法は$x\times 3!$通りあることになるが，これは$_5P_3$に等しい．$x \times 3! = {_5P_3}$, ∴ $x = {_5P_3}/3! = 10$．この結果は(1.21)で，$n=5, r=3$とおけば直ちに得られる．|

[例5] $_nC_r = {_{n-1}C_r} + {_{n-1}C_{r-1}}$ が成り立つ．例1と同じく，n個の場合と$n-1$個の場合を関係づける漸化式である．

$$\because \ \text{右辺} = \frac{(n-1)!}{r!(n-r-1)!} + \frac{(n-1)!}{(r-1)!(n-r)!}$$

$$= \frac{(n-1)!}{r!(n-r)!}(n-r+r) = \frac{n!}{r!(n-r)!} = \text{左辺} \quad |$$

重複組合せ たとえば，2種類(白あんと黒あん)のまんじゅうを売っている店で，3個のまんじゅうを買うとすれば，白3個，白2個と黒1個，白1個と黒2個，黒3個の4通りの買い方(組合せ)がある．このように，n個の異なるものから，繰り返しを許して，r個とるときの組合せ(これを**重複組合せ**という)の数は，

$$_nH_r = {_{n+r-1}C_r} = \frac{n(n+1)\cdots(n+r-1)}{r!} \qquad (1.23)$$

で与えられる．重複組合せでは，$n < r$であってもよい．まんじゅうの場合，n

$=2$ で $r=3$ だから，$_2H_3=2\cdot3\cdot4/3!=4$ となる．

[**例6**] a, b, c の 3 つの文字から，5 個とり出すときの組合せの数を求める．ただし含まない文字があってもよい．当然重複は許すことになる．(1.23) の公式を用いればすぐに求められるが，ここではちょっと工夫して，別の見方をしてみよう．とり出したものを，○と | の記号で表わす．たとえば，○○|○|○○ は a 2 個，b 1 個，c 2 個を意味し，○○○|○○| は a 3 個，b 2 個，c 0 個を意味する．この表現から，とり出し方の総数は，○ 5 個，| 2 個の計 7 個を 1 列に並べる順列の数に等しいことがわかる．(1.20) で $n=7$，$n_1=5$，$n_2=2$ として，その総数は $7!/5!2!$ となる．これは $_7C_5 = _{3+5-1}C_5 = _3H_5$ と書ける．|

いくつかの組に分ける場合の組合せ 7 人の学生を 3 人と 4 人の 2 つの組に分けるときのように，n 個の異なるものを n_1 個，n_2 個，…，n_c 個 ($n_1+n_2+\cdots+n_c=n$) の c 組に分ける組合せの数は，

$$\frac{n!}{n_1!n_2!\cdots n_c!} \quad (n_1+n_2+\cdots+n_c=n) \tag{1.24}$$

で与えられる．学生の組分けの場合，$n=7$，$n_1=3$，$n_2=4$ だから，組合せの総数は $7!/(3!4!)=35$ 通りある．

[**例7**] 3 組に分ける場合を考える．n 個のものから n_1 個とる組合せの数は $_nC_{n_1}$，残りの $n-n_1$ 個から n_2 個とる組合せの数は $_{n-n_1}C_{n_2}$，それで残りの $n_3(=n-n_1-n_2)$ 個は決まってしまうから，3 組に分ける組合せの総数は，

$$_nC_{n_1} \times {}_{n-n_1}C_{n_2} = \frac{n!}{(n-n_1)!n_1!} \times \frac{(n-n_1)!}{(n-n_1-n_2)!n_2!} = \frac{n!}{n_1!n_2!n_3!} \quad |$$

―――――――――――――――――――― **問題 1-2** ――――――――――――――――――――

1. ある野球チームの 9 人の選手の打順を決める．投手と二塁手は，7 番，8 番，9 番のどれかにすることにしたとき，9 人の打順の決め方は何通りあるか．

2. 4 桁の電話番号のうち，2 数字ずつ同じもの（たとえば 9696 や 0011 など）は全部でいくつあるか．ただし，4 つとも同じ数字のものは含まない．

1-3　2項定理

2項定理　展開公式の基本的なものに
$$(a+b)^2 = a^2+2ab+b^2$$
$$(a+b)^3 = a^3+3a^2b+3ab^2+b^3$$
$$\cdots\cdots$$
などがある．これらを一般化して，$(a+b)^n$ の展開を示す公式が**2項定理**(binomial theorem)である．

$n=1, 2, 3, \cdots$ のとき，
$$(a+b)^n = \underbrace{(a+b)(a+b)\cdots(a+b)}_{n個}$$
であるが，これを展開すると，各項は $a^{n-r}b^r$ ($r=0, 1, 2, \cdots, n$) の形になる．$a^{n-r}b^r$ の係数は，n 個の因数 $a+b$ から，b を r 個選ぶ組合せの数 ${}_nC_r$ に等しい．a を $n-r$ 個選ぶと考えても同じ結果になるが，これは(1.22)の証明にもなっている．このことから，次の定理が成り立つ．

> **2項定理**　n が正の整数のとき，
> $$\begin{aligned}(a+b)^n &= \sum_{r=0}^{n} {}_nC_r a^{n-r}b^r \\ &= {}_nC_0 a^n + {}_nC_1 a^{n-1}b + {}_nC_2 a^{n-2}b^2 + \cdots + {}_nC_r a^{n-r}b^r \\ &\quad + \cdots + {}_nC_n b^n \\ &= a^n + na^{n-1}b + \frac{n(n-1)}{2} a^{n-2}b^2 \\ &\quad + \cdots + \frac{n!}{(n-r)!r!} a^{n-r}b^r + \cdots + b^n \end{aligned}$$　(1.25)

この結果から，${}_nC_r = \begin{pmatrix} n \\ r \end{pmatrix}$ を2項係数ともいう．$n=0$ のときは $(a+b)^0=1$ である．2項係数は1-2節例5の漸化式を用いると，順次に計算できる．それ

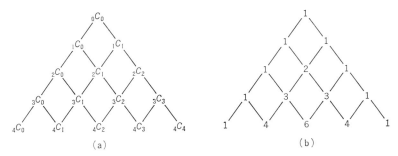

図1-4　パスカルの3角形
(a)は $_nC_r$ の関係をそのまま表わし，(b)はそれを数値でかいたもの．

を図式化したのが図1-4で，**パスカル(Pascal)の3角形**という．ただし，すでに述べたように，$0!=1$ なので $_0C_0=1$ とする．

例題 1.1　$(2x-y)^7$ の展開式の x^2y^5 の係数を求めよ．

[解]　(1.25)より，この展開式の一般項は
$$_7C_r(2x)^{7-r}(-y)^r$$
であり，$r=5$ の項が x^2y^5 を与える．その係数は，
$$_7C_5\,2^{7-5}(-1)^5 = \frac{7!}{2!5!} \times 2^2 \times (-1) = -21 \times 4 = -84$$

Coffee Break

パスカルの3角形

　西洋ではパスカルの3角形といっているが，東洋では朱世傑の『四元玉鑑』(1303)などによって，ずっと早くから使われていた(平山諦著『東西数学物語』，恒星社厚生閣)．パスカル(Blaise Pascal (1623-1662))はフランスの科学者・宗教思想家．科学者としては，射影幾何学における「パスカルの定理」，最初の計算機の考察と製作，流体力学での「パスカルの原理」などで有名である．

多項定理 2項式のかわりに m 項式を考える．たとえば，3項式 $(a+b+c)^n$ を展開したときの各項は $a^\alpha b^\beta c^\gamma$ の形をしているが，その係数は n 個の因数 $a+b+c$ から a を α 個，b を β 個，c を γ 個選ぶ組合せの数に等しい．これは (1.24) を用いて計算できる．一般の m 項式の場合も同様にして計算でき，次の定理を得る．

多項定理

$$(a_1+a_2+\cdots+a_m)^n = \sum \frac{n!}{n_1!n_2!\cdots n_m!} a_1^{n_1} a_2^{n_2} \cdots a_m^{n_m} \quad (1.26)$$

ただし $\sum$ は $n_1 \geqq 0, n_2 \geqq 0, \cdots, n_m \geqq 0$ で $n_1+n_2+\cdots+n_m = n$ をみたすすべての $n_1, n_2, \cdots, n_m$ についての和を表わす．

とくに，$m=2$ のときは，$n_2=n-n_1$ である．したがって，(1.26) の係数は $\dfrac{n!}{n_1!(n-n_1)!} = {}_nC_{n_1}$ となり，(1.26) は2項定理 (1.25) と一致する．

例題 1-2 $(x+2y-3z)^6$ の展開式の xy^2z^3 の係数を求めよ．

[解] (1.26) より，この展開式の一般項は

$$\frac{6!}{n_1!n_2!n_3!} x^{n_1}(2y)^{n_2}(-3z)^{n_3}$$

であり，$n_1=1, n_2=2, n_3=3$ ととった項が xy^2z^3 を与える．その係数は，

$$\frac{6!}{1!2!3!} 1^1 2^2 (-3)^3 = 60 \times 4 \times (-27) = -6480$$

問題 1-3

1. 2項定理を利用して，次の等式が成り立つことを示せ．
    (i) ${}_nC_0 + {}_nC_1 + \cdots + {}_nC_r + \cdots + {}_nC_n = 2^n$
    (ii) ${}_nC_0 - {}_nC_1 + \cdots + (-1)^r {}_nC_r + \cdots + (-1)^n {}_nC_n = 0$
2. 多項定理を用いて，$\left(x+1-\dfrac{2}{x}\right)^4$ の展開式の定数項を求めよ．

第 1 章 演習問題

[1] ド・モルガンの法則 (式(1.7), (1.8)) が成り立つことを，ベンの図を用いて示せ．

[2] 2桁の自然数のうちで，2でも3でも割り切れないものの個数を求めよ．

[3] （i）十円硬貨6枚，百円硬貨4枚，五百円硬貨2枚を全部または一部使って支払える金額は何通りあるか．

（ii）十円硬貨4枚，百円硬貨6枚，五百円硬貨2枚の場合は何通りか．

[4] IWANAMI という語の7文字をすべて用いて並べるとき，次の総数を求めよ．

（i）異なる順列の総数．

（ii）AA という並び方と，II という並び方を，ともに含む順列の総数．

（iii）AI という並び方または IA という並び方を，少なくとも1つ含む順列の総数．

[5] n 個の箱の中に r 個の玉を入れるとする．次の場合にそれぞれ何通りの入れ方があるか．

（i）箱も玉も区別をするとき．

（ii）玉は区別しないで，箱だけ区別するとき．

（iii）玉は区別しないで，箱は区別するが，1つの箱には1つの玉しか入らないとき．

[注] この3種類は統計力学の基本的な数え方で，(i)は古典的なマクスウェル・ボルツマン統計，(ii)は光子や核を扱うときに用いるボーズ・アインシュタイン統計，(iii)は電子や陽子を扱うときに用いるフェルミ・ディラック統計に相当している．

[6] $x+y+z=6$ を満足する非負の整数の値の組，(x,y,z) は何組あるか．

[7] 次の式の展開式における与えられた項の係数を求めよ．

（i）$(x+3)^5$ の x^3 の係数．

（ii）$(2x-3y)^6$ の x^2y^4 の係数．

（iii）$\left(x^3-\dfrac{3}{x}\right)^6$ の x^2 の係数．

（iv）$(x+y-2z)^4$ の xyz^2 の係数．

（v）$(x^2-2x+3)^3$ の x^3 の係数．

[8] 次の等式を証明せよ．

(ⅰ) $\ _nC_1+2\,_nC_2+\cdots+r\,_nC_r+\cdots+n\,_nC_n=2^{n-1}n$

(ⅱ) $\ _nC_0+\dfrac{1}{2}\,_nC_1+\cdots+\dfrac{1}{r+1}\,_nC_r+\cdots+\dfrac{1}{n+1}\,_nC_n=\dfrac{2^{n+1}-1}{n+1}$

2 確率

この世の中には，いたるところ偶然がある．偶然の中には，まったく予想もつかないものと，一定の法則性をもつものとがあるが，主に後者を扱うのが確率・統計の目的である．偶然を数量化するのに確率を用いる．この言葉は，日常生活でもよく使われるが，数学的な取扱いをするために，その概念を明確にしておく必要がある．

2 確率

2-1 確率の定義

確率の概念　1個のサイコロを振るとき，偶数目のでる場合は3通り，奇数目のでる場合も3通りである．第1章の場合の数という意味では，このことはまったく正しい．しかし，サイコロを6回振ったとき，偶数目が3回，奇数目が3回でるとはもちろんいえない．これはサイコロを振ること自体，不確定さをもっているからである．しかし，1000回振ったときはどうか．サイコロがまともであり，振り方に作為(さくい)がなければ，われわれは経験的に，偶数目が500回程度でることを知っている．偶数目のでる確からしさが，約1/2というわけである．この確からしさを数量的に定めたものが**確率**(probability)である．

確率・統計で扱う対象は，サイコロ振りや電気的な雑音の電圧測定のように，同じとみなされる条件のもとで，何回でも繰返しのできることや，また，箱に入っている同じ大きさのたくさんの玉とか容器の中の気体分子のように，質の同じ個体が多数集まっている集団である．

サイコロを振ってその目を読むとか，ある時刻の気体分子の運動量を測定するといった操作を**試行**(し こう)(trial)という．試行を行なえば，ある結果がえられる．たとえば，サイコロ振りの場合，1の目がでるとか，偶数目がでるとかであるが，この結果を**事象**(event)という．また，起こりうる結果の全体を，その試行の**標本空間**(sample space)という．標本空間で，それ以上にわけられない事象を**根元事象**(こんげん)という（「ねもと」とはいわない）．また，2つ以上の根元事象を含むものを**結合事象**という．たとえば，サイコロ振りの場合，事象「1の目がでる」は根元事象であり，事象「偶数目がでる」は3通りあるから結合事象である．

これらの対象では，1回1回の試行によってどの事象がえられるかは不確定であるが，回数を増せば，ある規則性が存在する．そのような規則性があるので，理論的考察が可能となるのである．

数学的確率　サイコロがまともなものであると**仮定**しよう．すなわち，1, 2,

…, 6のおのおのの目のでるのが, 同じ程度に確からしいとする. このとき, 事象「1の目がでる」の確率は1/6であるといえる. また事象「偶数目がでる」の確率は1/2であるといえる. これが確率のもっとも原始的な定義であり, ラプラス(Laplace)が与えたものである. 一般に,

> ある試行について, 標本空間の大きさが n で, どの根元事象も同程度に確からしく起こるとする. 標本空間の中で, ある事象 E をとり, E の起こる場合の数が r であるとき, E の確率 $P(E)$ を
> $$P(E) = \frac{r}{n}$$
> と定義する.

この確率を**数学的確率**といい, 第1章の順列・組合せの考えが適用できるような事象に対して使える.

[例1] 5枚の百円玉を投げて, 3枚が表, 2枚が裏となる確率を求める. 表がでるのも裏がでるのも同様に確からしいと考えてよい. 5枚投げるというのは, 2個の異なるもの(表と裏)を繰返しを許して5回とることと同じだから, 起こりうるすべての場合は, (1.19)により, $2^5=32$ 通りとなる. 3枚表になるのは, 5個の異なるもの(5回の試行)から任意に3個(5回のうちの3回)とったときの組合せの数に等しいので, (1.21)により, $_5C_3=5!/(3!2!)=10$ 通り. 数学的確率の定義を使うと, 問題の確率は $10/32=0.3125$ となる. ▮

硬貨投げの場合, 同程度に確からしいという意味ははっきりしている. 表と裏のでるのが同等で, それぞれ確率1/2で起こるのである. しかし, 場合によっては, 何通りにでも解釈できることがある. たとえば, 第1章演習問題[5]の「n個の箱にr個の玉を入れる」場合を考えてみよう. 簡単のために $n=2$, $r=2$ とする. 箱も玉も区別するときは, 図2-1の(a)の4通りが同様に確からしく起こり, 各事象の起こる確率は1/4といえる. しかし玉は区別しないで箱だけ区別するときは, (b)の3通りあるから, 各事象の起こる確率は1/3である. 解釈の違いで, ある事象の起こる確率の値は異なるのである.

20 ── **2** 確　率

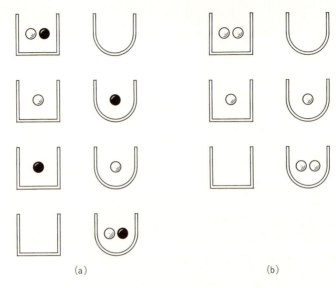

図 2-1　2 個の玉を 2 つの箱に入れる場合
(a)玉も箱も区別する．(b)玉は区別しないで，箱は区別する．

経験的確率　数学的確率の定義における「同程度に確からしい」というのは，たとえその意味がはっきりしていても，あくまでも仮定であることに注意しよう．たとえば，サイコロ振りの場合，現実に完全無欠なサイコロというものが存在するだろうか．経験的に，まともなサイコロならば，多数回振って，それぞれの目がほぼ 1/6 の割合ででることを知っているだけである．いかさまとばくでは，極端な場合，ある特定の目しかでないサイコロすら使われるということである．したがって，まともでないサイコロでは，多数回振ってみて，その結果からそれぞれの目のでる確からしさを予想しなければならない．

　野球の打率や，天気予報においても同様である．打率では，多くの試合の成績から，安打のでる確率をおしはかるのである．このような場合には，確率を次のように定義する．

　　n 回試行を行なった結果，ある事象 E が r 回起こったとする．n を

大きくしていくとき，r/n が一定の値 p に近づけば，E の確率 $P(E)$ を，

$$P(E) = p = \lim_{n \to \infty} \frac{r}{n}$$

とする．

この確率を**経験的確率**または**統計的確率**という．現実問題として，試行を無限回行なうことは不可能である．しかし，第4章で述べる大数の法則(72ページ)に従えば，n が十分大きいとき，r/n を確率 $P(E)$ としても，その誤差はかなり小さいと期待してよい．

[例2] 打率 0.333 のバッターが，ある試合の第1, 第2打席で凡退した．第3打席でヒットを打つ確率はいくらであろうか．2回凡退したからといって，3回目で必ずヒットを打つわけでない．打率は若干下がっているが，やはり 1/3 程度であるのに変わりはないから，ヒットを打つ確率は約 1/3 である．|

────────────────── 問　題 2-1 ──────────────────

1. 0 から 9 までの数字から無作為にとってきた 4 つの数字を並べるとき，
   (i) 4 つとも同一の数字である確率
   (ii) 3 つだけ同じ数字がある確率
   (iii) 2 つ同じ数字が 2 組ある確率
   (iv) 2 つだけ同じ数字がある確率
   (v) すべて異なる数字である確率
を求めよ．

2. 1 の目が他の目にくらべて 4 倍でやすいサイコロがある．このサイコロを 2 個振って，1 のゾロ目(2 個とも 1 の目)がでる確率は，まともなサイコロを 2 個振った場合の何倍であるか．

2-2 確率の性質

確率の公理 前節で定義した確率を数学的に扱うには，その規則を明確に定める必要がある．また，その規則はわれわれが直観的にもっている確率の概念と矛盾しないものでなければならない．

サイコロを1回振って，その目を調べるという場合には，起こりうる事象が1, 2, …, 6の目しかないから，標本空間の大きさは有限である．しかし，サイコロを何回も振って，いつ6の目が初めてでるかという試行を考えると，標本空間の大きさは無限である．すなわち，第 n 回目に6の目がでるという事象を E_n とすると，それは $n=1, 2, 3, …$ と限りなく存在するのである．このような可算無限（数えられるが，有限個でない）の場合にも，確率の規則があてはまるようにしたい．さらに，雑音電圧を電圧計で測定するときなどでは，その試行の結果は連続的な値をとりうる．すなわち，標本空間は連続した直線で与え

Coffee Break

ラプラス

ラプラス変換やラプラス展開などの名前でも有名なラプラス(Pierre S. Laplace(1749-1827))は，フランスの数学者・天文学者．北部の貧しい農家の生まれである．小さい頃から才能を認められ，パリに出てエコールノルマルの教授になった．ナポレオン時代に内務大臣を務め伯爵となったが，ナポレオンが失脚するとルイ18世に仕えて侯爵となった．このような無節操さのせいか，社会的には高い地位にいたが，晩年は淋しい人生だったという．「確率の解析的理論」は特に有名な著作で，ラプラス変換もその中にでている．また，太陽系の星雲起源説という宇宙進化論における先駆的な仕事もしている．

られる.こういう場合にも,やはり確率の規則が適用できるようにしたい.

規則を定めるには,第1章の集合の概念を用いると便利である.標本空間を S とすると,S は1つの集合であり,事象 E は S の部分集合になっている.すなわち,$E \subset S$ と書ける.S の中で,E の起こらない事象は**余事象**といい,$\bar{E}$ と書く.決して起こらない事象は**空事象**といい,ϕ と書く.事象 A または B が起こるという事象を**和事象**といい $A \cup B$ と書き,A と B が同時に起こる事象を**積事象**といい $A \cap B$ と書く.これらは第1章の集合の言葉を,確率にあてはめただけのものである.さらに,$A \cap B = \phi$ のとき,すなわち事象 A と B が同時には起こらないとき,A と B は互いに**排反**(exclusive)であるという.たとえばサイコロ振りで,A を偶数目,B を3の目とすると,A と B は互いに排反な事象である.また,根元事象はすべて互いに排反である.

以上の準備のもとに,確率を数学的に扱う規則を次のように与える.

> **確率の公理** 標本空間 S の各事象 E に対して,次の3つの条件を満たす実数 $P(E)$ が存在するとき,$P(E)$ を事象 E が起こる確率という.
> (1) $0 \leqq P(E) \leqq 1$ (2.1)
> (2) $P(S) = 1, \quad P(\phi) = 0$ (2.2)
> (3) $E_1, E_2, E_3, \cdots$ が互いに排反な事象のとき,
> $P(E_1 \cup E_2 \cup E_3 \cup \cdots) = P(E_1) + P(E_2) + P(E_3) + \cdots$ (2.3)

この公理で,(1)は,確率を0と1の間の数値で表わすこと,(2)は,すべてが起こる確率は1で,何も起こらない確率は0であるといっている.通常,われわれが使っているとおりである.(3)は,経験的確率の性質を一般的に書いたものである.たとえば,サイコロ振りの場合,偶数目がでるという事象 E_1 の起こる確率 $P(E_1)$ は 3/6 である.3の目がでるという事象 E_2 の起こる確率 $P(E_2)$ は 1/6 である.E_1 と E_2 は同時に起こらない.偶数目または3の目のでるという事象 $E_1 \cup E_2$ の確率 $P(E_1 \cup E_2)$ は $\dfrac{3}{6} + \dfrac{1}{6}$ である.結局,$P(E_1 \cup E_2) =$

$P(E_1)+P(E_2)$ が成り立っている。(3)では事象の個数が無限であってもよいとしているのである。

もちろん、この規則は公理であるから証明のできるような筋合いのものではない。要するに、この公理を認めてしまって、確率の性質を調べていこうというのである。

確率に関する公式 上の公理から、いくつかの確率に関する公式が得られる。

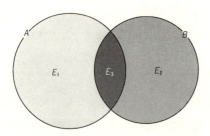

図 2-2 加法公式

ある事象 A と B を考える。図 2-2 のように、

$$E_1 = A \cap \bar{B}, \quad E_2 = B \cap \bar{A}, \quad E_3 = A \cap B$$

とすると、E_1, E_2, E_3 は互いに排反であり、

$$A = E_1 \cup E_3, \quad B = E_2 \cup E_3, \quad A \cup B = E_1 \cup E_2 \cup E_3$$

と表わせる。(2.3)を使うと、

$$P(A) = P(E_1)+P(E_3)$$
$$P(B) = P(E_2)+P(E_3)$$
$$P(A \cup B) = P(E_1)+P(E_2)+P(E_3)$$
$$= P(E_1)+P(E_3)+P(E_2)+P(E_3)-P(E_3)$$

また、

$$P(A \cap B) = P(E_3)$$

結局、次の式が成り立つ。

加法公式
$$P(A \cup B) = P(A)+P(B)-P(A \cap B) \tag{2.4}$$

[例1] よく切ったトランプ53枚(ジョーカーも入っている)から,1枚とりだして,そのカードがスペードである(A)か,絵札である(B)かの確率を求める.ただし,ジョーカーは絵札ではない.スペードである確率は$P(A)=13/53$,絵札である確率は$P(B)=12/53$,スペードの絵札である確率は$3/53$である.(2.4)から求める確率は$\frac{13}{53}+\frac{12}{53}-\frac{3}{53}=\frac{22}{53}$. ▮

ある事象Eの余事象$\bar{E}$を考えると,
$$E \cup \bar{E} = S$$
$$E \cap \bar{E} = \phi$$
であるから,(2.2),(2.3)より
$$1 = P(S) = P(E \cup \bar{E}) = P(E)+P(\bar{E})$$
となる.したがって,余事象の起こる確率に対して,

$$P(\bar{E}) = 1-P(E) \tag{2.5}$$

[例2] 雨が降る確率が60%のとき,雨が降らない確率は$1-0.6=0.4$,すなわち40%である. ▮

図2-3のように,ある事象AとBについて,$A \supset B$のときは,$A \cap B = B$だから,
$$A = (A \cap B) \cup (A \cap \bar{B}) = B \cup (A \cap \bar{B})$$
と表わせる.Bと$A \cap \bar{B}$は共通部分をもたないから,(2.3)より,
$$P(A) = P(B)+P(A \cap \bar{B})$$
ところが,(2.1)より$P(A \cap \bar{B}) \geqq 0$である.だから,

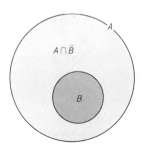

図2-3 $A \supset B$の場合

$$P(A)-P(B) \geqq 0$$

結局，次の確率に関する単調性の性質が成り立つ．

$$A \supset B \quad \text{のとき} \quad P(A) \geqq P(B) \tag{2.6}$$

ある事象が起こる確率は，その一部分が起こる確率より決して小さくないというわけである．

標本空間 S が n 個の根元事象 $E_j\,(j=1,2,\cdots,n)$ から成り立っているとしよう．すなわち，

$$S = E_1 \cup E_2 \cup \cdots \cup E_n$$

根元事象は互いに排反だから，公理の (2.3) から

$$P(E_1 \cup E_2 \cup \cdots \cup E_n) = P(E_1)+P(E_2)+\cdots+P(E_n)$$

である．また (2.2) から，$P(S)=1$ であるから，

$$P(E_1)+P(E_2)+\cdots+P(E_n) = 1 \tag{2.7}$$

が成立する．すなわち，すべての根元事象の確率の和は1である．この性質を**完全確率の定理**という．

[例3] サイコロ振りの場合，1の目から6の目まで6つの根元事象がある．それぞれが起こる確率は1/6 であるから，$\frac{1}{6}+\frac{1}{6}+\frac{1}{6}+\frac{1}{6}+\frac{1}{6}+\frac{1}{6}=1$ となる．∎

━━━━━━━━━━━━ 問　題 2-2 ━━━━━━━━━━━━

1. 1から100までの番号のついた100枚の札から1枚取り出すとき，その番号が4または5の倍数である確率を求めよ．

2. ○×式の問題が10題ある．でたらめに印をつけるとき，少なくとも1問正解となる確率を求めよ．

2-3 条件付き確率

条件付き確率 2つの事象 A, B があって，A が起こったという条件のもとで B が起こるという事象を $B|A$ で表わす．また，その確率 $P(B|A)$ を，条件 A のもとでの B の**条件付き確率**(conditional probability) といい，

$$P(B|A) = \frac{P(A \cap B)}{P(A)} \tag{2.8}$$

で定義する．

2-2節例1のように，トランプから1枚とりだす場合を考える．それがスペードである事象を A, 絵札である事象を B とすると，スペードであったときに，それが絵札であるという事象が $B|A$ である．ここではスペードでなかったときのことは考えないで，ひたすらスペードであった場合だけを考えるのである．その確率は13枚のうち3枚であるから，$P(B|A)=3/13$ で与えられる．ところで，スペードである確率は $P(A)=13/53$, スペードでありかつ絵札である確率は $P(A \cap B)=3/53$ であるから，これらの値は，確かに(2.8)を満足している．すなわち，条件付き確率は，数学的確率の場合に成り立っている式を一般化して定義したものなのである．もちろん，(2.8)で $P(A) \neq 0$ と仮定している．また A を新しく標本空間と考えたとき，$P(B|A)$ は B について確率の公理を満足している．

乗法定理 $P(B) \neq 0$ でなければ，条件 B のもとでの A の条件付き確率 $P(A|B)$ も定義できる．すなわち，

$$P(A|B) = \frac{P(A \cap B)}{P(B)} \tag{2.9}$$

(2.8), (2.9)の分母を払うと，次の**乗法定理**が得られる．

$$P(A \cap B) = P(A)P(B|A) = P(B)P(A|B) \tag{2.10}$$

[例1] くじ引きをするときの，引く順番と当たる確率を調べてみる．たと

えば，10本中3本の当たりくじがあるとし，最初に引いた人が当たるという事象を A，2番目に引いた人が当たるという事象を B とする．A が起こる確率は，10本中3本だから，$P(A)=3/10$．また，A が起こらない（$\bar{A}$ が起こる）確率は，$P(\bar{A})=7/10$ である．B が起こるのは，2つの場合がある．A が起こったときに，B が起こるのは，9本中2本だから，条件付き確率として，$P(B|A)=2/9$．A が起こらなかったときに，B が起こるのは，9本中3本であるから，$P(B|\bar{A})=3/9$．乗法定理を使うと，

$$P(A \cap B) = P(A)P(B|A) = \frac{3}{10} \times \frac{2}{9} = \frac{6}{90}$$

$$P(\bar{A} \cap B) = P(\bar{A})P(B|\bar{A}) = \frac{7}{10} \times \frac{3}{9} = \frac{21}{90}$$

事象 $A \cap B$ と $\bar{A} \cap B$ は互いに排反であり，$B = (A \cap B) \cup (\bar{A} \cap B)$ であるから，確率の公理より，

$$P(B) = P(A \cap B) + P(\bar{A} \cap B) = \frac{6}{90} + \frac{21}{90} = \frac{27}{90} = \frac{3}{10}$$

結局，最初に引いても2番目に引いても当たる確率は変わらない．これは何本当たりくじと空くじがあっても，同じことである．∎

乗法定理は，いくつかの事象が引きつづいて起こるときにも，同様に成り立つ．たとえば，A, B, C の3つの事象の場合，

$$P(A \cap B \cap C) = P(A)P(B|A)P(C|A \cap B) \qquad (2.11)$$

である．$P(C|A \cap B)$ は，A も B も起こったときに C の起こる条件付き確率を表わす．

　[例2]　例1のくじ引きで3番目に引いた人が当たる事象を C として，その確率 $P(C)$ を求めよう．

$$C = (A \cap B \cap C) \cup (\bar{A} \cap B \cap C) \cup (A \cap \bar{B} \cap C) \cup (\bar{A} \cap \bar{B} \cap C) \qquad (2.12)$$

である．すなわち C が起こるのは，A も B も C も起こるか，A は起こらず B と C が起こるか，B は起こらず A と C が起こるか，A も B も起こらず C が起こるかの4つの場合があるのである．その4つの場合は，互いに排反な事象だから，(2.3) から

$$P(C) = P(A \cap B \cap C) + P(\bar{A} \cap B \cap C) + P(A \cap \bar{B} \cap C)$$
$$+ P(\bar{A} \cap \bar{B} \cap C) \tag{2.13}$$

ところが，乗法定理(2.11)から，たとえば

$$P(A \cap B \cap C) = P(A)P(B|A)P(C|A \cap B)$$
$$= \frac{3}{10} \times \frac{2}{9} \times \frac{1}{8} = \frac{6}{720}$$

である．同様に，

$$P(\bar{A} \cap B \cap C) = \frac{7}{10} \times \frac{3}{9} \times \frac{2}{8} = \frac{42}{720}$$

$$P(A \cap \bar{B} \cap C) = \frac{3}{10} \times \frac{7}{9} \times \frac{2}{8} = \frac{42}{720}$$

$$P(\bar{A} \cap \bar{B} \cap C) = \frac{7}{10} \times \frac{6}{9} \times \frac{3}{8} = \frac{126}{720}$$

したがって，

$$P(C) = \frac{6}{720} + \frac{42}{720} + \frac{42}{720} + \frac{126}{720} = \frac{216}{720} = \frac{3}{10}$$

結局，3番目に引いた人の当たる確率は，最初に引いた人，2番目に引いた人の当たる確率と変わらない．これは，何番目でも同じであり，くじ引きの引く順番を気にしても仕方がないことを意味している．

ベイズの定理 たとえば，いくつかの機械から作られた多数の同種の製品から，作為なしに1つとり出して，それが不良品であったとき，その製品がどの機械で作られたのかという確率を知りたいことがある．すなわち，ある結果が起こったとき，それがどの原因によるのかを調べるのである．

いま，機械が3つあるとしよう．3つの機械を A, B, C で区別し，1つの製品がこれらから作られたものであるという事象をそれぞれ A, B, C で表わす．ただし，機械は製品をそれぞれ $P(A), P(B), P(C)$ の割合で作っているとする．製品を1つとり出したときに，不良品であるなしにかかわらず，どの機械から作られたかという確率はわかっているのである．また，不良品であるという事象を E としたとき，それぞれの機械が不良品を作る確率 $P(E|A), P(E|B)$,

$P(E|C)$ もわかっているとする．ある原因によって結果が生じる因果関係の確率がわかっているのである．このとき，実際に結果 E が起こったとき，その結果が，A, B, C のどの原因によるかという確率 $P(A|E), P(B|E), P(C|E)$ を求めよう．

$P(A)$ などは，結果と関係がないので，**存在の確率**(または**事前確率**)といい，$P(A|E)$ などは結果が起こったときの原因を考えているから，**原因の確率**(または**事後確率**)という．

A, B, C はたがいに排反な事象だから，結果 E が原因 A, B, C による確率の比は A で E，B で E，C で E が起こる確率の比に等しく，

$$P(A|E) : P(B|E) : P(C|E)$$
$$= P(A)P(E|A) : P(B)P(E|B) : P(C)P(E|C)$$

となることが直観的にわかるだろう．実際，たとえば $P(A|E)$ については乗法定理(2.10)から

$$P(A)P(E|A) = P(E)P(A|E)$$

であるから，

$$P(A|E) = \frac{P(A)P(E|A)}{P(E)} \qquad (2.14)$$

と書ける．ところが，$E = (A \cap E) \cup (B \cap E) \cup (C \cap E)$ であり，$A \cap E, B \cap E, C \cap E$ はそれぞれ排反な事象だから，

$$P(E) = P(A \cap E) + P(B \cap E) + P(C \cap E) \qquad (2.15)$$

である．やはり乗法定理から，

$$P(A \cap E) = P(A)P(E|A)$$

などが成り立つので，

$$P(E) = P(A)P(E|A) + P(B)P(E|B) + P(C)P(E|C) \qquad (2.16)$$

と書ける．したがって，

$$P(A|E) = \frac{P(A)P(E|A)}{P(A)P(E|A) + P(B)P(E|B) + P(C)P(E|C)} \qquad (2.17)$$

一般に，ある結果 E が，n 個の互いに排反ですべての場合をつくす原因，

$A_1, A_2, \cdots, A_n$ によっているとき，そのうちの1つ A_i によって起こる確率 $P(A_i|E)$ は，

$$P(A_i|E) = \frac{P(A_i)P(E|A_i)}{P(A_1)P(E|A_1)+P(A_2)P(E|A_2)+\cdots+P(A_n)P(E|A_n)}$$

(2.18)

で表わされる．これをベイズ(Bayes)の定理という．

[例3] 3つの機械のうち，生産量の10%を A, 30%を B, 60%を C が占めているとする．また，不良品のでる割合が，A は3%，B は2%，C は1%であるとする．すなわち $P(A)=0.1$, $P(B)=0.3$, $P(C)=0.6$ であり，$P(E|A)=0.03$, $P(E|B)=0.02$, $P(E|C)=0.01$ である．1つの製品をとり出したら不良品であったとき，それが A の製品である確率は，(2.18) から

$$P(A|E) = \frac{0.1 \times 0.03}{0.1 \times 0.03 + 0.3 \times 0.02 + 0.6 \times 0.01} = 0.2 = 20\%$$

統計的独立 条件付き確率 $P(A|B)$ は，B が起こったときに A が起こる確率であった．しかし，B が A に何の影響も及ぼさないこともある．たとえば，2個のサイコロを振るとき，一方のサイコロの目が，他方の目の出方に関係することはない．このようなとき，

$$P(A|B) = P(A) \tag{2.19}$$

である．乗法定理(2.10)は，このとき

$$P(A \cap B) = P(A)P(B) \tag{2.20}$$

と書ける．(2.19) または同じことであるが (2.20) の成立しているとき，事象 A と B は**統計的に独立**であるという．一般に n 個の事象 $A_1, A_2, \cdots, A_n$ があるとき，それからとり出した任意個の事象 $A_{i_1}, A_{i_2}, \cdots, A_{i_k} (2 \leq k \leq n)$ に対して，

$$P(A_{i_1} \cap A_{i_2} \cap \cdots \cap A_{i_k}) = P(A_{i_1})P(A_{i_2})\cdots P(A_{i_k}) \tag{2.21}$$

が成立しているとき，事象 $A_1, A_2, \cdots, A_n$ は互いに統計的に独立である．

[例4] トランプから1枚とり出す試行をふたたび考える．それがスペードである事象 A と，絵札である事象 B は統計的に独立であるだろうか．ジョー

カーが入っていないとき，スペードである確率 $P(A)=13/52=1/4$，絵札である確率 $P(B)=12/52=3/13$，またスペードの絵札である確率 $P(A\cap B)=3/52$ である．$\frac{3}{52}=\frac{1}{4}\times\frac{3}{13}$ だから (2.20) は成立しており，A と B は統計的に独立である．しかし，ジョーカーが1枚入っているときには，$P(A)=13/53$，$P(B)=12/53$，$P(A\cap B)=3/53$ で，$\frac{3}{53}\neq\frac{13}{53}\times\frac{12}{53}$ だから，(2.20) は成立しておらず，A と B は統計的に独立でない．

どうしてこのような違いがあるのか．ジョーカーが入っていない場合，引いた札が絵札であったとしても，それがスペードである確率はやはり 1/4 である．すなわち絵札を引いたことは，スペードであるという事象に何の影響も与えていない．一方，ジョーカーが入っている場合，引いた札が絵札であったとき，それはジョーカーでないことがはっきりしているから，その札がスペードである確率は 13/53 でなく 13/52 になっている．すなわち，絵札を引いたことはスペードであるという事象に影響を与えたことになるのである．▮

統計的独立の定義は，事象だけでなく，試行に対しても考えられる．たとえば，サイコロを何回も振るときのように，一定の条件のもとで同じ試行をくり返すとき，1回ごとの試行は他の試行に影響しない．このような試行を**独立試行**またはベルヌーイ (Bernoulli) **試行**という．

[例5] 表裏が同程度に出ることがわかっている硬貨を 10 回投げたところ，10 回とも表がでた．11 回目に表のでる確率を考える．硬貨投げは独立試行であるから，それまで表ばかりが出たことは，11 回目の試行に何の影響も及ぼさない．表のでる確率はやはり 1/2 である．▮

──────── 問 題 2-3 ────────

1. 白い碁石が 6 個，黒い碁石が 4 個入っている箱の中から，順番に 3 個とり出す．次のそれぞれの場合について，3 個とも白い碁石である確率を求めよ．

(i) 石を 1 個とり出したとき，また箱に戻して，よくかきまぜてから次の石をとる (このような選び方を**復元抽出**という).

(ii) 石を 1 個とり出したとき，箱に戻さず，次の石をとる (このような選び方

を非復元抽出という）．

2. 確率 p の事象 E を n 回独立に試行するとき，少なくとも1回 E の起こる確率は，$1-(1-p)^n$ であることを示せ．

3. ある小売店は，A社から7割，B社から3割の洋服を仕入れている．またA社からの洋服のうち2割が純毛であり，B社からの洋服のうち4割が純毛である．いまその店から純毛の洋服を買ったとき，それがA社のものである確率はいくらか．

第 2 章 演 習 問 題

[1] 東南西北の文字が記入された板がそれぞれ4枚，計16枚ある．この中から4枚を無作為にとり，1列に並べるとき，次の確率を求めよ．
 (i) 東の板が最初にくる．　　(ii) 東南西北と並ぶ．
 (iii) 東南東南と並ぶ．　　(iv) 全部が東になる．

[2] あるラムネ菓子は1箱に8個入っているが，その中で2個だけは非常にすっぱいラムネが混じっている．いま，この箱から3個無作為にとり出して食べたとき，すっぱいラムネにあたる確率を求めよ．

[3] 6月生まれの人が4名いたとする．その中の少なくとも2名が同じ誕生日である確率を求めよ．ただし，誕生日は特定の日に片よっていないとする．

[4] 2個のサイコロを振って，何回のうちに少なくとも1回6のゾロ目（2個とも6の目）が出るかという回数を当てる遊びがある．勝つ確率が1/2を越えるためには何回以上にかける必要があるか．

[5] A, B 2人が，まず A から初めて交互にサイコロを振り，最初に1の目が出た方が勝ちであるとする．それぞれの勝つ確率を求めよ．ただし，勝負の決まるまで試行は繰り返すものとする．

[6] 1～9の数字が記入されたカードが大小それぞれ1枚計18枚あり，その中から無作為に大小1枚ずつとり出す．いま，大か小のどちらかをとり出してその数字が8であることがわかったとき，大小2枚のカードの数字の和が16以上となる確率はいくらか．また大きい方のカードの数字が8であることがわかったとき，その確率はいくらか．

[7] 2つの箱があって，片方の箱 A には白球5個と赤球1個，もう1つの箱 B には白球1個と赤球5個が入っている．いま，任意に箱を選んで1個の球をとり出したとき，その球が赤球であったとする．その球をとり出した箱に戻して，もう1回同じ箱から球をとり出すとき，ふたたび赤球である確率を求めよ．

[8] ある会社の従業員の出身地は A 県が45%，B 県が30%，C 県が20%，D 県が5% であるという．またそれぞれの県で女子の占める割合は A 県が25%，B 県が40%，C 県が5%，D 県が50% であることがわかっている．この会社で1人の女子従業員に出会ったとき，彼女が A 県出身である確率を求めよ．

メレの問題

演習問題[4]は，確率論のきっかけを作った問題の1つとして有名である．17世紀のフランスの貴族メレは，2個のサイコロを24回振って6のゾロ目が少なくとも1回出るかという賭けをして，出る方に賭けた．彼は次のように考えていた．2個振って6のゾロ目がでる確率は1/36だから，24回これを繰り返せば $\frac{1}{36} \times 24 = \frac{2}{3}$．しかし彼は大損をしてしまい，数学者に相談にいった．その話からパスカルが本格的に確率論の研究を始め，問題解答にあるような正しい確率を出したということである．

いま，この賭けをする人はいないだろうが，最初に考え出した賭博師は当時の数学者より少なくとも経験的に確率のことをよく知っていたに違いない．

3

確率変数

前章では確率の概念を説明した．さて，この確率を数学的に取り扱うにはどうすればよいか．確率変数というものを用いると，確率をうまく表現することができ，偶然の中にひそむ法則性を明らかにしやすくなる．分布，期待値，分散など，実用上重要な量が，この確率変数を使って定義される．

3-1 確率変数と確率分布関数

確率変数　前の章では，ある事象が起こる確率を定義し，さらに確率に対して要請すべき公理を示した．確率を数学的に取り扱うには，各事象に適当な数値を与えると便利である．たとえば，サイコロ振りの場合，目の数字を変数と見たてると，各事象には1から6までの整数値が対応することになる．電気的な雑音の測定では，雑音の電圧の値を変数と考えればよい．このとき，変数はある範囲内の連続な値をとる．一方，雨が降る降らないといった事象には，対応する数値がない．こういった場合には，たとえば雨が「降る」を1,「降らない」を0とすれば，変数となりうる．もちろん，雨が降るを100，降らないを-5などとしてもかまわないが，扱いが面倒になるだけである．

このように，標本空間の中の根元事象に対して適当な数値を対応させた変数Xを考えて，その変数がどの数値をとるかは偶然に支配されるけれども，Xがある特定の数値xをとる確率，すなわちある根元事象の起こる確率が定まっているとき，Xを**確率変数**(random variable または stochastic variable)という．確率変数は試行を行なって初めて値が決まる変数であり，単なる数値と区別して，大文字で表わすことにする．また，おのおのの試行の結果は（根元事象に割りふった）単なる数値であるので，小文字で表わす．

確率変数Xがとびとびの値

$$x_1, x_2, \cdots, x_n, \cdots$$

しかとらないとき，Xを**離散変数**という．たとえば，サイコロ振りの場合は，

$$x_1 = 1, \ x_2 = 2, \ \cdots, \ x_6 = 6$$

である．これは有限個であるが，無限個あってもかまわない．また，Xが連続した値をとるときは，**連続変数**という．電圧測定の場合は，たとえば，$-10 \leq X \leq 10$のようになるが，$-\infty < X < \infty$のときもありうる．このような確率変数を用いると，「サイコロの目が1である事象の確率」という代りに，「$X=1$である確率」と簡単にいうことができ，数学的にも取り扱いやすくなるのである．

離散的な場合 確率変数 X が離散的で有限個の値をとるとしよう. X が x_i ($i=1, 2, \cdots, n$) となる確率を

$$P(X=x_i) = p_i \tag{3.1}$$

と表わす. サイコロ振りのときは, $p_1=p_2=\cdots=p_6=1/6$ である. このとき, X のとる値それぞれに対して確率 $P(X)$ の数値が定まるから, 確率は関数の形で,

$$f(x) = \begin{cases} p_i & (x=x_i \text{のとき}) \\ 0 & (\text{その他の } x) \end{cases} \tag{3.2}$$

と書くことができる. $x \neq x_i$ のときは確率が 0 だから, $f(x)=0$ としたのである. このようにして定められた関数を**確率密度** (probability density) という. 離散的な場合には特に**確率関数**ということもある. サイコロ振りの場合の確率密度のグラフは図 3-1(a) のようになる. 確率の和は 1 であるから,

$$\sum_{i=1}^{n} f(x_i) = f(x_1)+f(x_2)+\cdots+f(x_n) = 1 \tag{3.3}$$

が成り立つ.

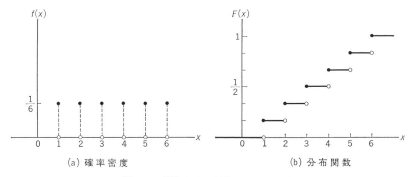

(a) 確率密度　　　(b) 分布関数

図 3-1 離散分布の例 (サイコロ振り)

確率変数 X のとる値が x 以下である確率に対しても,

$$F(x) = P(X \leq x) \tag{3.4}$$

という関数を考えることができる. たとえば, サイコロ振りのとき, $F(2)$ は $X=1$ または 2 となる確率だから, $\frac{1}{6}+\frac{1}{6}=\frac{1}{3}$ である. $F(2.5)$ もやはり 1/3 で

ある.このような関数 $F(x)$ を**分布関数**(distribution function)という.サイコロ振りの場合の分布関数のグラフは図 3-1(b)のようになる.図からもわかるように,離散的な場合の分布関数には次の性質がある.

(i) $\displaystyle F(x) = \sum_{x_i \leq x} f(x_i)$ (3.5)

(ii) $F(x)$ は x について減少することのない階段状の関数であり,$F(\infty) = 1$,$F(-\infty) = 0$

(iii) $\displaystyle P(\alpha < X \leq \beta) = F(\beta) - F(\alpha) = \sum_{\alpha < x_i \leq \beta} f(x_i)$ (3.6)

これらの関数の定義は,確率変数が無限個の離散的な値をとるときにもあてはまるが,以下では必要なとき以外は有限個の場合を考えることにする.

連続的な場合 確率変数 X が連続的な値をとり,その値の範囲が $a \leq X \leq b$ であるとしよう.このとき,X が x と $x + \Delta x$ の間にある確率が

$$P(x < X \leq x + \Delta x) = \int_{x}^{x+\Delta x} f(y) dy \quad (3.7)$$

となるような関数 $f(x)$ がやはり確率密度である.たとえば,雑音電圧の確率密度のグラフは図 3-2(a)のようになり,陰影部分の面積が $P(x < X \leq x + \Delta x)$ に相当している.Δx が小さいとき,この面積は $f(x)\Delta x$ で近似できるから,

$$P(x < X \leq x + \Delta x) \doteqdot f(x) \Delta x \quad (3.8)$$

と書ける.

離散変数のときとくらべて本質的に違う点は,確率がある区間での積分で表わされているため,区間の端が含まれているかいないかは確率に関係しないことである.したがって,$P(x < X \leq x + \Delta x)$ は $P(x \leq X \leq x + \Delta x)$,$P(x \leq X < x + \Delta x)$ と書いても同じことである.この事実は測定に誤差のある現実の問題においても妥当なものである.電気的な雑音電圧の測定で 2.0 V の値を得たといったとき,これはちょうど 2.0 V であるというわけでなく,たとえば 1.95 V〜2.05 V の間にあるのを 2.0 V としているのである.

確率変数 X のとる値が a と b の間に限られているとすると,すべての確率

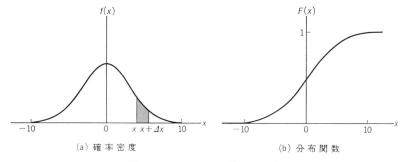

(a) 確率密度　　　　　　　　(b) 分布関数

図 3-2　連続分布の例（雑音電圧）

の和は1であるので，確率密度は

$$\int_a^b f(x)dx = 1 \tag{3.9}$$

を満たしている．区間 $a\leqq x\leqq b$ の外では $f(x)=0$ としてよく，(3.9)は

$$\int_{-\infty}^{\infty} f(x)dx = 1 \tag{3.10}$$

と書くこともできる．(3.9)は図3-2(a)の山の面積が1であることを意味している．

離散的なときと同様，X のとる値が x 以下である確率に対して，(3.4)で定義される関数 $F(x)$ を考えることができる．確率密度を用いると，

$$F(x) = \int_a^x f(y)dy = \int_{-\infty}^x f(y)dy \tag{3.11}$$

と書ける．この関数をやはり**分布関数**という．雑音電圧に対する分布関数のグラフはたとえば，図3-2(b)のようになる．

この分布関数は離散的なときと同様の性質をもつ．すなわち，(3.5)に対応するものが(3.11)であり，(ii)の性質は階段状という言葉を除いて成り立つ．また，(3.6)は，

$$P(\alpha < X \leqq \beta) = F(\beta) - F(\alpha) = \int_\alpha^\beta f(x)dx \tag{3.12}$$

のように表わされる．離散的な場合から連続的な場合への移行は，微積分で総和から積分への極限操作に相当するものである．

(3.11)を x について微分すると

$$f(x) = \frac{dF(x)}{dx} \tag{3.13}$$

が得られる．これは，図3-2(b)のグラフの曲線上の各点での勾配が，図3-2(a)の $f(x)$ の値になっていることを意味している．

例題 3.1 関数

$$f(x) = \begin{cases} c & (|x| \leqq 1) \\ 0 & (|x| > 1) \end{cases}$$

が確率密度となるように c の値を決め，$F(x)$ を求めよ．この分布は確率変数 X が0でない値をとる範囲で確率密度が一定であり，特に**一様分布**という．

[解] 確率密度であるためには(3.10)が成立しなければならないから，

$$\int_{-\infty}^{\infty} f(x)dx = \int_{-1}^{1} c\,dx = [cx]_{-1}^{1} = c-(-c) = 2c = 1$$

$$\therefore\ c = \frac{1}{2}$$

$x<-1$ のとき，$f(x)=0$ だから

$$F(x) = \int_{-\infty}^{x} f(y)dy = 0$$

$-1<x<1$ のとき．この区間で $f(x)=1/2$ だから

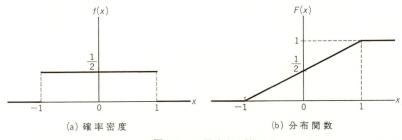

図 3-3　一様分布の例

$$F(x) = \int_{-\infty}^{x} f(y)dy = \int_{-1}^{x} \frac{1}{2} dy = \left[\frac{1}{2}y\right]_{-1}^{x} = \frac{1}{2}x - \left(-\frac{1}{2}\right) = \frac{1}{2}(x+1)$$

$1<x$ のとき，$|x|<1$ での $f(x)$ が積分に寄与し

$$F(x) = \int_{-\infty}^{x} f(y)dy = \int_{-1}^{1} \frac{1}{2} dy = 1$$

得られた結果を図で示すと図3-3のようになる．∎

───────────────── 問　題 3-1 ─────────────────

1. 2個のサイコロを振ったとき，出た目の和を確率変数 X とする．確率密度および分布関数を求めて，そのグラフを描け．

2. 関数

$$f(x) = \begin{cases} cx & (0 \leq x \leq 1) \\ 0 & (x<0 \text{ および } 1<x) \end{cases}$$

が確率密度となるように c の値を決め，分布関数を求めよ．

──

3-2　期待値と分散

　確率密度または分布関数が与えられると，標本空間の中の各事象がどのような割合で起こるかが完全にわかる．つまり，これらの関数は確率変数がどういう値をとるかについての確率的な情報をすべて含んでいるのである．ある確率変数に対して確率密度または分布関数がわかっているとき，その確率変数は与えられた**確率分布**(probability distribution)に従っているとか，簡単に，分布がわかっているとかいう．

　しかし，現実の問題ではあまり細かい情報まで知る必要はなく，確率変数が大体どのくらいの値をとるか，または大体どの程度の範囲に存在しているかといったことだけわかればよい場合も多い．そのような場合には確率密度 $f(x)$ や分布関数 $F(x)$ よりももっと簡単な量を用いた方が便利である．それがこれから定義する期待値や分散といわれる量である．

期待値 確率変数 X の**平均**(mean または average)または**期待値**(expectation value)は次の式で表わされる.

$$\mu = \begin{cases} \sum_{i=1}^{n} x_i f(x_i) = x_1 f(x_1) + x_2 f(x_2) + \cdots + x_n f(x_n) & \text{(離散的なとき)} \quad (3.14) \\ \int_{-\infty}^{\infty} x f(x) dx & \text{(連続的なとき)} \quad (3.15) \end{cases}$$

平均(mean)の頭文字 m のギリシア文字が μ(ミュー)なのである. 上の式中, 離散的なときの $f(x)$ は(3.2)で, 連続的なときの $f(x)$ は(3.7)でそれぞれ与えられる確率密度である.

[例1] 1個のサイコロを振ったときの目の平均は, $x_1=1, x_2=2, \cdots, x_6=6$ で $f(x_i)=1/6 \ (i=1,2,\cdots,6)$ であるから,

$$\mu = 1 \times \frac{1}{6} + 2 \times \frac{1}{6} + \cdots + 6 \times \frac{1}{6} = \frac{21}{6} = 3.5$$

この例では, $f(x_i)$ がすべて等しいので

$$\mu = \frac{1+2+\cdots+6}{6}$$

としても同じである. すなわちこの平均はふつうの算術平均になっている.

例題3.2 ある宝くじは, 1枚300円であり, 1000万枚につき,

  6000万円 5本,   1500万円 10本,   1000万円 10本
  100万円 60本,   10万円 595本,   7万円 90本
  1万円 2000本,   3000円 10万本,   400円 100万本

の当たりくじがある. 1枚買ったとき, 当たる金額の期待値を求めよ.

[解] このような場合, 期待値という言葉がぴったりである. たとえば6000万円当たる確率は5/1000万である. 大きな数ではあるが他の当たりも同様に計算して,

$$\mu = 6000万 \times \frac{5}{1000万} + 1500万 \times \frac{10}{1000万} + \cdots + 400 \times \frac{100万}{1000万}$$

$$= 139.58$$

約140円が期待できる金額である．あとの160円は当たったらという夢見料である．何枚買っても期待値の割合 (139.58÷300≒約46.5%) は変わらない．たくさん買えば，それだけ夢見料が高くなるわけである．∎

[例2] 確率密度が

$$f(x) = \begin{cases} xe^{-x} & (x \geq 0) \\ 0 & (x < 0) \end{cases} \tag{3.16}$$

(これは $\int_0^\infty f(x)dx = 1$ を満たしている) で与えられる連続分布の平均は，

$$\mu = \int_{-\infty}^\infty xf(x)dx = \int_0^\infty x^2 e^{-x}dx \tag{3.17}$$

である．部分積分を使うと，

$$\mu = x^2(-e^{-x})\Big|_0^\infty - \int_0^\infty 2x(-e^{-x})dx = 2\int_0^\infty xe^{-x}dx$$

$$= 2\left\{x(-e^{-x})\Big|_0^\infty - \int_0^\infty -e^{-x}dx\right\} = 2\int_0^\infty e^{-x}dx$$

$$= 2(-e^{-x})\Big|_0^\infty = 2$$

となる．確率密度 (3.16) は図 3-4 のような形をしている．∎

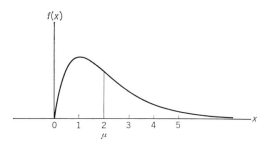

図 3-4 例 2 の確率密度
$\mu = 2$ が期待値

積分 (3.17) は，ガンマ関数

$$\Gamma(x) = \int_0^\infty y^{x-1} e^{-y} dy \tag{3.18}$$

の特別な場合 ($x = 3$) である (本コース第 5 巻『複素関数』参照)．確率・統計

では，ガンマ関数の x が整数 n の場合か，半整数 $n+1/2$ の場合がよく出てくる．$\Gamma(1)=1$ であり，$\Gamma(1/2)=\sqrt{\pi}$ であることと，(3.18)を部分積分することによって得られる漸化式 $\Gamma(n+1)=n\Gamma(n)$ を用いると，$n=0,1,2,\cdots$ に対して

$$\Gamma(n+1) = n! \tag{3.19}$$

$$\Gamma\left(n+\frac{1}{2}\right) = \frac{(2n)!}{2^{2n}n!}\sqrt{\pi} \tag{3.20}$$

の表現が得られる．この結果から，$\mu=\Gamma(3)=2!$ がすぐ出てくる．

ついでに，ガンマ関数と関係して，やはり確率・統計でよく出てくる**ベータ関数**についてふれておく．ベータ関数は，

$$B(x,y) = \frac{\Gamma(x)\Gamma(y)}{\Gamma(x+y)} \tag{3.21}$$

で定義される．これはまた，積分

$$B(n,m) = \int_0^1 x^{n-1}(1-x)^{m-1}dx \tag{3.21'}$$

で表わすことができる．x, y がともに整数（それぞれ n, m と表わす）のとき，

$$\frac{1}{B(n,m)} = \frac{(n+m-1)!}{(n-1)!(m-1)!} = n\,{}_{n+m-1}C_{m-1} = m\,{}_{n+m-1}C_{n-1} \tag{3.22}$$

と書ける．すなわち，ガンマ関数は階乗を，ベータ関数の逆数は組合せを，変数が整数でないものに拡張したものであると考えてよい．

分散 確率変数 X が大体どの程度の範囲にあるのかを示すのに使われる量 σ^2 を**分散**(variance)といい，次の式で定義する．

$$\sigma^2 = \begin{cases} \displaystyle\sum_{i=1}^n (x_i-\mu)^2 f(x_i) = (x_1-\mu)^2 f(x_1)+(x_2-\mu)^2 f(x_2)+\cdots \\ \qquad\qquad +(x_n-\mu)^2 f(x_n) \qquad \text{（離散的なとき）} \tag{3.23}\\ \displaystyle\int_{-\infty}^\infty (x-\mu)^2 f(x)dx \qquad\qquad \text{（連続的なとき）} \tag{3.24} \end{cases}$$

また，分散の平方根をとったもの，すなわち σ を，**標準偏差**(standard deviation)という．s のギリシア文字が σ（シグマ）なのである．分散は「平均からの距離の 2 乗」の平均であるから，その平方根である標準偏差は，分布が平均か

らどのくらいの幅にあるのかを示めやすになっていると考えられる.

[例 3] 例1のサイコロ振りの場合,$\mu=3.5$ だから

$$\sigma^2 = (1-3.5)^2 \times \frac{1}{6} + (2-3.5)^2 \times \frac{1}{6} + \cdots + (6-3.5)^2 \times \frac{1}{6}$$

$$= (2.5)^2 \times \frac{1}{3} + (1.5)^2 \times \frac{1}{3} + (0.5)^2 \times \frac{1}{3} = \frac{8.75}{3} \fallingdotseq 2.92$$

また,$\sigma \fallingdotseq \sqrt{2.92} \fallingdotseq 1.71$ である.∎

[例 4] 例2の連続分布では,

$$\sigma^2 = \int_0^\infty (x-2)^2 x e^{-x} dx = \int_0^\infty (x^3 - 4x^2 + 4x) e^{-x} dx$$

(3.18)のガンマ関数を使うと,

$$\sigma^2 = \Gamma(4) - 4\Gamma(3) + 4\Gamma(2) = 3! - 4 \times 2! + 4 \times 1! = 2$$

また,$\sigma = \sqrt{2} \fallingdotseq 1.41$ である.∎

分散または標準偏差が大きいときは,その分布のばらつきの程度は大きく,小さいときは,分布はほとんど平均値のまわりに密集している(図3-5).

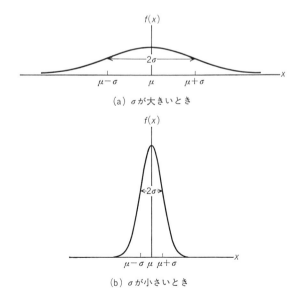

図 3-5 分散,標準偏差とばらつきの程度

チェビシェフの不等式　分散または標準偏差が分布のばらつきの程度を示すという事実を，数学的にのべたものに，**チェビシェフ(Čebyšev)の不等式**がある．

連続変数の場合の分散の定義式(3.24)で積分を次の3つの部分にわけてみる．

$$\sigma^2 = \int_{-\infty}^{\mu-a\sigma}(x-\mu)^2 f(x)dx + \int_{\mu-a\sigma}^{\mu+a\sigma}(x-\mu)^2 f(x)dx + \int_{\mu+a\sigma}^{\infty}(x-\mu)^2 f(x)dx$$

ただし，a は適当な正の数とする．右辺の積分の被積分関数はすべて負ではない．右辺第2項を0でおきかえると，不等式

$$\sigma^2 \geq \int_{-\infty}^{\mu-a\sigma}(x-\mu)^2 f(x)dx + \int_{\mu+a\sigma}^{\infty}(x-\mu)^2 f(x)dx$$

が得られる．$X \leq \mu-a\sigma$ と $X \geq \mu+a\sigma$ では，$(X-\mu)^2 \geq a^2\sigma^2$ であるから，被積分関数を小さいものでおきかえると，

$$\sigma^2 \geq \int_{-\infty}^{\mu-a\sigma} a^2\sigma^2 f(x)dx + \int_{\mu+a\sigma}^{\infty} a^2\sigma^2 f(x)dx$$

$$= a^2\sigma^2 \left\{ \int_{-\infty}^{\mu-a\sigma} f(x)dx + \int_{\mu+a\sigma}^{\infty} f(x)dx \right\}$$

$$= a^2\sigma^2 \{P(X \leq \mu-a\sigma) + P(X \geq \mu+a\sigma)\}$$

となる．$X \leq \mu-a\sigma$ と $X \geq \mu+a\sigma$ をまとめると，$|X-\mu| \geq a\sigma$ と書けるから，上式の両辺を $a^2\sigma^2$ で割って，

$$\frac{1}{a^2} \geq P(|X-\mu| \geq a\sigma) \tag{3.25}$$

が得られる．これがチェビシェフの不等式である．

この不等式は，図3-6のように，確率変数が平均値から標準偏差の a 倍以上はなれている確率は全体の $1/a^2$ より小さいことを示している．たとえば，2σ 以上平均値からはなれている確率は1/4より小さく，3σ 以上はなれている確率は1/9より小さい．しかし，a を1以下に選ぶと，(3.25)の左辺は確率の和1より大きくなり，当たり前のことをいっている式になってしまう．

(3.25)は，図3-6の陰影部以外の部分を無視して積分の評価をしたあらっぽい式であるが，どんな確率分布に対しても成り立つという利点がある．離散変

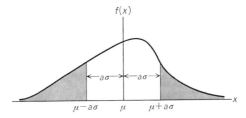

図 3-6 チェビシェフの不等式
陰影部の面積は $1/a^2$ 以下である.

数の場合には積分を総和記号におきかえて同じような評価をすればよい.

例題 3.3 200 人の試験で, 平均点が 60 点, 標準偏差が 6 点であった. 得点が 42 点から 78 点の間にある受験生の数は何人以上か.

[解] 確率の和は 1 であるから, (3.25) は

$$\frac{1}{a^2} \geqq 1 - P(|X-\mu| \leqq a\sigma)$$

すなわち,

$$1 - \frac{1}{a^2} \leqq P(|X-\mu| \leqq a\sigma) \tag{3.26}$$

と書きかえられる. $\mu=60$, $\sigma=6$ で, $42=60-3\times6$, $78=60+3\times6$ であるから, (3.26) で $a=3$ とした式を使えばよい.

$$P(|X-\mu| \leqq 3\sigma) \geqq 1 - \frac{1}{3^2} = \frac{8}{9}$$

となり, 全体の 8/9 以上が問題の範囲内にある. $200 \times 8/9 \doteqdot 177.8$.

[答] 178 人以上 ∎

━━━━━━━━━━━━━━ 問 題 3-2 ━━━━━━━━━━━━━━

1. 問題 3-1 問 1 の場合について, X の平均 μ および分散 σ^2 を求めよ.
2. 確率密度が

$$f(x) = \begin{cases} 2(1-x) & (0 \leqq x \leqq 1) \\ 0 & (x<0,\ x>1) \end{cases}$$

で与えられる連続分布について, 平均 μ, 分散 σ^2 を求めよ.

3-3 モーメントと変数変換

この節から 3-5 節まで多少計算が複雑になるが,結果はあとの章でよく使う.読みにくいと感じる人は,結果だけを拾い読みして,あとで必要になったときに,もういちど立ち戻ることにすればよい.

モーメント $\varphi(X)$ を確率変数 X の関数として,$E[\varphi(X)]$ を,

$$E[\varphi(X)] = \begin{cases} \sum_{i=1}^{n} \varphi(x_i)f(x_i) \\ \quad = \varphi(x_1)f(x_1) + \varphi(x_2)f(x_2) + \cdots + \varphi(x_n)f(x_n) \quad (3.27) \\ \qquad\qquad\qquad\qquad\qquad\qquad\qquad \text{(離散的なとき)} \\ \int_{-\infty}^{\infty} \varphi(x)f(x)dx \qquad\qquad \text{(連続的なとき)} \quad (3.28) \end{cases}$$

で定義し,$\varphi(X)$ **の期待値**という.E は expectation value の頭文字である.このように一般的に定義した期待値で特に $\varphi(X)=X$ としたのが,(3.14),(3.15)で与えた平均なのである.

また,$\varphi(X)=X^k$ $(k=0,1,2,\cdots)$ としたときの,

$$E[X^k] = \begin{cases} \sum_{i=1}^{n}(x_i)^k f(x_i) & \text{(離散的なとき)} \quad (3.29) \\ \int_{-\infty}^{\infty} x^k f(x)dx & \text{(連続的なとき)} \quad (3.30) \end{cases}$$

を k 次の**モーメント** (moment) という.

以下,モーメントの性質を連続的な場合について列挙するが,同様の性質は離散的な場合にも成り立つ.

(3.10) から,

$$E[1] = \int_{-\infty}^{\infty} f(x)dx = 1 \qquad (3.31)$$

である.(3.15) から,平均 μ は 1 次のモーメントと等しい.

$$\mu = E[X] \tag{3.32}$$

(3.24)から,分散 σ^2 は平均のまわりの2次のモーメントとして,

$$\sigma^2 = E[(X-\mu)^2] \tag{3.33}$$

と書けるが,$(X-\mu)^2$ を展開して,

$$\begin{aligned}
\sigma^2 &= \int_{-\infty}^{\infty}(x^2-2\mu x+\mu^2)f(x)dx \\
&= E[X^2]-2\mu E[X]+\mu^2 E[1] \\
&= E[X^2]-2\mu^2+\mu^2 \\
&= E[X^2]-\mu^2
\end{aligned} \tag{3.34}$$

と表わすこともできる.

 $f(x)$ を剛体の質量密度と解釈すると,平均の式(3.15)は重心に,分散の式(3.24)は慣性モーメントに相当する.モーメントは,このように,密度に重みをかけて積分する際に使われる一般的な言葉なのである.

 平均のまわりの3次のモーメント

$$\gamma = E[(X-\mu)^3] \tag{3.35}$$

を**歪度**(ひずみど)という.これは分布の非対称性に関係した量である.たとえば,平均を0とすると,$\gamma=\int_{-\infty}^{\infty}x^3 f(x)dx$ と表わされるが,対称な分布なら $f(x)$ は偶関数であり,x^3 は奇関数だから $\gamma=0$ となる.$\gamma \neq 0$ ということは,分布がゆがんでいることを意味し,0からずれているほど,そのゆがみは大きいといえる.

 [例1] 3-2節例2の連続分布の歪度は,

$$\begin{aligned}
\gamma &= \int_0^{\infty}(x-2)^3 xe^{-x}dx = \int_0^{\infty}(x^4-6x^3+12x^2-8x)e^{-x}dx \\
&= \Gamma(5)-6\Gamma(4)+12\Gamma(3)-8\Gamma(2) = 4!-6\times 3!+12\times 2!-8\times 1! = 4
\end{aligned}$$

図3-4のように,この分布は対称でなく $\gamma \neq 0$ なのである. ∎

 モーメント母関数 $\varphi(X)$ の期待値は,φ がとる値と確率密度との積の総和または積分で書かれているので,たとえば,連続変数で $\varphi(X)=2X+3X^3$ のとき,

$$E[2X+3X^3] = \int_{-\infty}^{\infty}(2x+3x^3)f(x)dx$$
$$= 2\int_{-\infty}^{\infty}xf(x)dx + 3\int_{-\infty}^{\infty}x^3f(x)dx = 2E[X]+3E[X^3]$$

となる．すなわち，代数の分配法則と同じ演算規則が成り立つのである．一般に，$a_1, a_2, \cdots, a_n$ を X に無関係な定数とし，$\varphi_1(X), \varphi_2(X), \cdots, \varphi_n(X)$ を X の適当な関数とすると，

$$E[a_1\varphi_1(X)+a_2\varphi_2(X)+\cdots+a_n\varphi_n(X)]$$
$$= a_1E[\varphi_1(X)]+a_2E[\varphi_2(X)]+\cdots+a_nE[\varphi_n(X)] \quad (3.36)$$

の分配法則が成り立つ．

 $\varphi(X)$ として特に e^{tX} を選んだときの期待値 $E[e^{tX}]$ を**モーメント母関数**(moment generating function)という．ただし，t は X と無関係な勝手に与えた変数である．モーメント母関数は，確率密度 $f(x)$ を与えると t の関数として定まる．

[例2] 確率分布が問題3-2問2の確率密度で与えられているときのモーメント母関数を求める．$0 \leqq x \leqq 1$ 以外で $f(x)=0$ だから，(3.28)より，

$$E[e^{tX}] = \int_{-\infty}^{\infty}e^{tx}f(x)dx = \int_{0}^{1}e^{tx}\cdot 2(1-x)dx$$
$$= \left[\frac{e^{tx}}{t}\cdot 2(1-x)\right]_{x=0}^{1} - \int_{0}^{1}\frac{e^{tx}}{t}(-2)dx$$
$$= -\frac{2}{t} + \frac{2}{t}\left[\frac{e^{tx}}{t}\right]_{x=0}^{1} = -\frac{2}{t} + \frac{2}{t}\left(\frac{e^t}{t} - \frac{1}{t}\right)$$
$$= \frac{2}{t^2}(e^t - t - 1) \quad \blacksquare$$

モーメント母関数がわかると，すべてのモーメントを系統的に計算することができる．指数関数 e^{tx} を t についてマクローリン展開(本コース第1巻『微分積分』参照)すると，

$$e^{tx} = 1+tx+\frac{1}{2!}(tx)^2+\frac{1}{3!}(tx)^3+\cdots$$

である．t は x に無関係だから，(3.36)の分配法則を使うと，

$$E[e^{tX}] = E\left[1+tX+\frac{1}{2!}(tX)^2+\frac{1}{3!}(tX)^3+\cdots\right]$$

$$= E[1]+tE[X]+\frac{1}{2!}t^2E[X^2]+\frac{1}{3!}t^3E[X^3]+\cdots$$

すなわち,

$$E[e^{tX}] = \sum_{k=0}^{\infty}\frac{1}{k!}E[X^k]t^k \qquad (3.37)$$

となる.モーメント母関数を t で展開したときの,t^k の係数が k 次のモーメントの $1/k!$ 倍になっている.すべてのモーメントを生み出す関数なので,母関数という名がついているのである.

[例3] 例2のモーメント母関数から,具体的にモーメントを計算してみる.やはりマクローリン展開を使うと,

$$\frac{2}{t^2}(e^t-t-1) = \frac{2}{t^2}\left\{\left(1+t+\frac{1}{2!}t^2+\frac{1}{3!}t^3+\cdots\right)-t-1\right\}$$

$$= 1+\frac{2}{3!}t+\frac{2}{4!}t^2+\cdots+\frac{2}{(k+2)!}t^k+\cdots$$

(3.37)から,t^k の係数は $E[X^k]/k!$ と等しいので,

$$E[X^k] = \frac{2\cdot k!}{(k+2)!}$$

である.$k=1, 2$ について具体的に書くと

$$E[X] = \frac{2\cdot 1!}{3!} = \frac{1}{3}, \qquad E[X^2] = \frac{2\cdot 2!}{4!} = \frac{1}{6}$$

これらの結果からえられる μ, σ^2 は問題3-2問2の答に当然のことながら一致する.∎

モーメント母関数はすべてのモーメントの情報を含んでいるので,母関数が一致する2つの分布は同じものであると考えることができる.また,各次のモーメントは母関数の展開係数だから,2つの分布で最初の数個,たとえば $E[X]$,$E[X^2]$, $E[X^3]$ が一致していれば,近似的に同じ分布であるとみなして取り扱うこともある.

変数変換 いろいろな確率分布を扱うさい,確率変数を変換したいことがし

ばしば起こる．すなわち，確率変数 X の確率密度が $f(X)$ の場合に，$Y=\Phi(X)$ で新しい確率変数 Y を導入したとき，その確率密度 $g(Y)$ がどうなるかを知りたいのである．$g(Y)$ を求めるには，X で表わしても Y で表わしても確率自体は変わらないという事実を利用する．

X が x と $x+\Delta x$ の間の範囲にある確率と，これに相当する Y が y と $y+\Delta y$ の間の範囲にある確率とは等しいから，$P(x<X<x+\Delta x)=P(y<Y<y+\Delta y)$，したがって (3.7) より，

$$\int_x^{x+\Delta x} f(x')dx' = \int_y^{y+\Delta y} g(y')dy'$$

である．$\Delta x, \Delta y$ が小さいとき，近似的に

$$f(x)\Delta x = g(y)\Delta y$$

となり，$\Delta x, \Delta y \to 0$ の極限を考えて，

$$g(y)dy = f(x)dx$$

あるいは，

$$g(y) = f(x)\frac{dx}{dy} \qquad (3.38)$$

が得られる．

[例 4] a, b を定数として，1 次変換 $Y=aX+b$ のときの $g(Y)$ を求める．

いま，$x=(1/a)(y-b)$ であり，$dx/dy=1/a$ であるから，(3.38) から

$$g(y) = \frac{1}{a}f\left(\frac{1}{a}(y-b)\right) \qquad (3.39)$$

が Y についての確率密度となる．■

確率変数 X についての平均を μ_x，分散を $\sigma_x{}^2$，Y についての平均を μ_y，分散を $\sigma_y{}^2$ と書くと，1 次変換 $Y=aX+b$ のときには次のような関係が両者の間に成立する．

$$\begin{aligned}
\mu_y &= \int_{-\infty}^{\infty} yg(y)dy = \int_{-\infty}^{\infty} (ax+b)f(x)\frac{dx}{dy}dy \\
&= \int_{-\infty}^{\infty} (ax+b)f(x)dx = a\int_{-\infty}^{\infty} xf(x)dx + b\int_{-\infty}^{\infty} f(x)dx \\
&= a\mu_x + b \qquad (3.40)
\end{aligned}$$

$$\sigma_y{}^2 = \int_{-\infty}^{\infty}(y-\mu_y)^2 g(y)dy = \int_{-\infty}^{\infty}\{ax+b-(a\mu_x+b)\}^2 f(x)\frac{dx}{dy}dy$$
$$= a^2\int_{-\infty}^{\infty}(x-\mu_x)^2 f(x)dx$$
$$= a^2 \sigma_x{}^2 \tag{3.41}$$

例題 3.4 X の確率密度が $f(x)=\dfrac{1}{\sqrt{2\pi}}e^{-x^2/2}$ である場合に, $Y=2X+3$ の 1 次変換をしたときの Y の確率密度 $g(y)$, 平均 μ_y, 分散 $\sigma_y{}^2$ を求めよ.

[解] X の分布は 4-3 節でくわしく述べる標準正規分布である. $\mu_x, \sigma_x{}^2$ は

$$\mu_x = \int_{-\infty}^{\infty}\frac{1}{\sqrt{2\pi}}xe^{-x^2/2}dx = \left[-\frac{1}{\sqrt{2\pi}}e^{-x^2/2}\right]_{-\infty}^{\infty} = 0$$

$$\sigma_x{}^2 = \int_{-\infty}^{\infty}\frac{1}{\sqrt{2\pi}}x^2 e^{-x^2/2}dx \underset{(部分積分)}{=} \left[\frac{-x}{\sqrt{2\pi}}e^{-x^2/2}\right]_{-\infty}^{\infty} - \int_{-\infty}^{\infty}\frac{-1}{\sqrt{2\pi}}e^{-x^2/2}dx$$

$$= \frac{1}{\sqrt{2\pi}}\int_{-\infty}^{\infty}e^{-x^2/2}dx = 1$$

(3.39) を使って,

$$g(y) = \frac{1}{2}\frac{1}{\sqrt{2\pi}}\exp\left[-\frac{1}{2}\left(\frac{y-3}{2}\right)^2\right]$$

となる. また, (3.40), (3.41) から

$$\mu_y = 2\mu_x+3 = 3, \qquad \sigma_y{}^2 = 2^2\sigma_x{}^2 = 4$$

である. X の分布と Y の分布を図で示すと図 3-7 のようになる. ▮

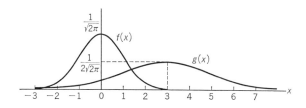

図 3-7 正規分布の 1 次変換
$Y=2X+3$ によって中心が右へ 3 だけずれ, 高さが 1/2 になる.

1 次変換のときには, 1 つの X の値に 1 つの Y の値が対応しているが, 変換によっては 2 つ以上の X の値に Y の 1 つの値が対応する, すなわち $Y=\Phi(X)$ の逆関数が多価になっている場合がある. そのような場合にもやはり変換で確

率は変わらないという性質を使って $g(Y)$ を求める.

[例 5] $Y=X^2$ の変換のときの $g(Y)$ を求める. この例では, 1 つの Y の値に対して, $X=\pm\sqrt{Y}$ の 2 つの値が対応しているので,

$$P(y<Y<y+\Delta y) = P(x<X<x+\Delta x)+P(-x-\Delta x<X<-x)$$

すなわち,

$$\int_y^{y+\Delta y} g(y')dy' = \int_x^{x+\Delta x} f(x')dx' + \int_{-x-\Delta x}^{-x} f(x')dx'$$

が成り立たねばならない. 右辺第 2 項の積分変数 x' を $-x'$ に変えると,

$$\text{右辺} = \int_x^{x+\Delta x} f(x')dx' + \int_x^{x+\Delta x} f(-x')dx'$$
$$= \int_x^{x+\Delta x} \{f(x')+f(-x')\}dx'$$

となる. $x>0$ として, $y=x^2$ から $dx/dy=1/(2\sqrt{y})$ であることを使うと, 例 4 と同様に,

$$g(y) = \{f(x)+f(-x)\}\frac{dx}{dy} = \frac{1}{2\sqrt{y}}\{f(\sqrt{y})+f(-\sqrt{y})\} \quad (3.42)$$

が得られる. ▮

━━━━━━━━━━━━━ 問 題 3-3 ━━━━━━━━━━━━━

1. 3-2 節例 2 の確率密度で与えられる連続分布についてモーメント母関数を求め, $E[X]$, $E[X^2]$, $E[X^3]$ を計算せよ.

2. X の確率密度が $f(x) = \frac{1}{\sqrt{2\pi}}e^{-x^2/2}$ のとき, $Y=X^2$ の確率密度 $g(Y)$ を求めよ.

━━━━━━━━━━━━━━━━━━━━━━━━━━━━━━

3-4 多変数の場合

これまでは確率変数が 1 個の場合を扱ってきた. しかし, 以下の章で出てくるさまざまな分布の性質を調べるさいに, 2 つ以上の確率変数の和や, 確率変数相互の関係を知ることが必要になる. そこで, この節と次の節で, 変数が 2

つの場合の確率分布を考えることにする.

同時確率分布 たとえば,2個のサイコロを振る場合,これまでのように目の和でなく,それぞれのサイコロの目を確率変数 X および Y とし,$2<X\leqq5$ かつ $3<Y\leqq4$ となる事象やその確率を考えようというわけである.すなわち,同時に2つの試行を行なったときの確率分布を調べるのである.このような確率分布を **2次元確率分布** という.これに対して1変数の場合は1次元確率分布である.

まず離散的な場合について,X のとる値を $x_1, x_2, \cdots, x_m$,Y のとる値を $y_1, y_2, \cdots, y_n$ とする.また X が $x_i\,(i=1,2,\cdots,m)$ の値をとり,かつ Y が $y_j\,(j=1, 2, \cdots, n)$ の値をとる確率を p_{ij} と書くことにする.すなわち,

$$P(X=x_i, Y=y_j) = p_{ij} \tag{3.43}$$

1次元のときと同様に,確率密度を,

$$f(x,y) = \begin{cases} p_{ij} & (x=x_i \text{ かつ } y=y_j \text{ のとき}) \\ 0 & (\text{その他の } x,y) \end{cases} \tag{3.44}$$

で,分布関数を,

$$F(x,y) = P(X\leqq x, Y\leqq y) = \sum_{x_i\leqq x}\sum_{y_j\leqq y} f(x_i, y_j) \tag{3.45}$$

で定義する.$f(x,y)$ や $F(x,y)$ が与えられていることを,**同時確率分布**(simultaneous probability distribution)がわかっているという.

[例1] 十円硬貨,百円硬貨を投げて,両者の表裏を調べる.表に0,裏に1の数字を対応させて,十円硬貨の表裏を確率変数 X,百円硬貨のものを Y とする.確率密度を $f(x,y)$ とすれば,たとえば,両者とも表である確率は $\frac{1}{2}\times\frac{1}{2}=1/4$ であるから,$f(0,0)=1/4$ である.同様に,$f(0,1)=f(1,0)=f(1,1)=1/4$ であって,他の (x,y) の組合せに対しては $f(x,y)=0$ である.(3.45)から分布関数も計算できる.たとえば,$0\leqq x<1$ で $0\leqq y<1$ のときは $F(x,y)=1/4$,$1\leqq x$ で $0\leqq y<1$ のときは $F(x,y)=1/2$ である.これらを図示すると,図3-8 のようになる.∎

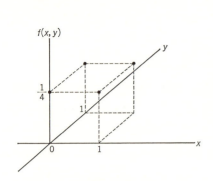
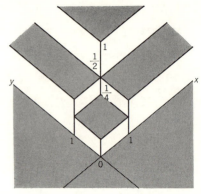

(a) 確率密度のグラフ　　　　　(b) 分布関数 $F(x,y)$ のグラフ

図 3-8　離散的な場合の同時確率分布(硬貨投げの例)
(a) 4つの黒点以外では $f(x,y)=0$. (b) 陰影をつけた領域が $F(x,y)$ の値を与える. $F(x,y)$ 軸は xy 面に垂直な方向であるが,図にはかきこんでない.

この例の結果からもわかるように,一般に,

$$\sum_{i=1}^{m}\sum_{j=1}^{n} f(x_i, y_j) = 1 \tag{3.46}$$

が成立している. (3.46)は分布関数では $F(\infty, \infty)=1$ と書ける. 一方,任意の x, y に対して,$F(-\infty, y)=F(x, -\infty)=0$ も成立している.

連続的な場合も,1次元のときと同じように,確率密度 $f(x,y)$ を,

$$P(x<X\leqq x+\Delta x, y<Y\leqq y+\Delta y) = \int_x^{x+\Delta x} dx' \int_y^{y+\Delta y} dy' f(x', y') \tag{3.47}$$

で,分布関数 $F(x,y)$ を,

$$F(x,y) = \int_{-\infty}^{x} dx' \int_{-\infty}^{y} dy' f(x', y') \tag{3.48}$$

で定義する. これらも同時確率分布である.

[例2] あるクラスの学生の身長,体重をそれぞれ確率変数 X, Y とすると,X, Y の同時分布の確率密度 $f(x,y)$ は図 3-9 のようになる. xy 平面上の面積 $\Delta x \cdot \Delta y$ の上に立てた柱の体積が,$P(x<X\leqq x+\Delta x, y<Y\leqq y+\Delta y)$ を与えて

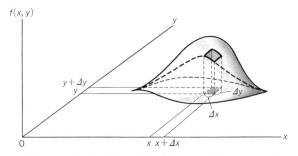

図 3-9 連続的な場合の同時確率分布(身長と体重の例)

いる．特に，$\Delta x, \Delta y$ がともに小さいときは，$f(x,y)\Delta x\Delta y$ の四角柱の体積でその確率は近似できる．もし，$f(x,y)$ の具体的な関数形が分かっていれば，(3.47)の2重積分を実行して確率を計算すればよい．

確率の和が1であることは，いまの場合，xy 平面上の $f(x,y)$ の山の体積が1であることに相当する．すなわち，

$$F(\infty, \infty) = \int_{-\infty}^{\infty} dx \int_{-\infty}^{\infty} dy f(x,y) = 1 \qquad (3.49)$$

が成り立っている．

[例3]
$$f(x,y) = \begin{cases} c & (a_1 \leqq x \leqq a_2, \ b_1 \leqq y \leqq b_2 \text{ の矩形領域}) \\ 0 & (\text{その他の } x, y) \end{cases}$$

とする．これが2次元確率密度となるためには，山の体積 $(a_2-a_1)(b_2-b_1)c=1$ すなわち $c=1/(a_2-a_1)(b_2-b_1)$ でなければならない．このような確率分布を**2次元一様分布**という．

周辺確率分布 2次元確率分布で，たとえば，Y の値にかかわらず X がどういう分布をしているか知りたいときには，それぞれの X における Y の値をすべてたしあわせればよい．

離散分布では，確率密度を，

$$f_1(x) = \begin{cases} \sum_{j=1}^{n} p_{ij} = p_{i1} + p_{i2} + \cdots + p_{in} & (x = x_i \text{ のとき}) \\ 0 & (\text{その他の } x) \end{cases} \qquad (3.50)$$

ととればよい．また，分布関数は，

$$F_1(x) = P(X \leqq x) = \sum_{x_i \leqq x} f_1(x_i) \tag{3.51}$$

と書ける．このようにして定義した $f_1(x)$ を**周辺**(marginal)**確率密度**，$F_1(x)$ を**周辺分布関数**という．図3-8のような分布があるとき，たとえば1つの周辺(x軸)に沿って分布の変化をみていくというわけである．図の例では，$f_1(0) = \frac{1}{4} + \frac{1}{4} = 1/2$，$f_1(1) = \frac{1}{4} + \frac{1}{4} = 1/2$，その他の x の値に対しては $f_1(x) = 0$ になっている．

連続分布では，Y の値をすべてたしあわせることは確率密度 $f(x, y)$ を y の全区間にわたって積分することに相当する．したがって，周辺確率密度は，

$$f_1(x) = \int_{-\infty}^{\infty} f(x, y) dy \tag{3.52}$$

と書ける．また，周辺分布関数は，

$$F_1(x) = \int_{-\infty}^{x} f_1(x') dx' \tag{3.53}$$

となる．

周辺分布は，たとえば，学生の身長と体重の同時分布において，体重とは無関係に身長の分布を調べたものである．

X によらない Y の周辺確率密度は，離散的な場合には，

$$f_2(y) = \begin{cases} \sum_{i=1}^{m} p_{ij} = p_{1j} + p_{2j} + \cdots + p_{mj} & (y = y_j \text{ のとき}) \\ 0 & (\text{その他の } y) \end{cases} \tag{3.54}$$

連続的な場合には，

$$f_2(y) = \int_{-\infty}^{\infty} f(x, y) dx \tag{3.55}$$

のように表わされる．

条件付き確率分布 2-3節で定義した条件付き確率も確率分布で表わすことができる．連続変数の場合を考えると，

$$\frac{P(x<X\leq x+\Delta x, y<Y\leq y+\Delta y)}{P(y<Y\leq y+\Delta y)} = \frac{\int_x^{x+\Delta x} dx' \int_y^{y+\Delta y} dy' f(x', y')}{\int_y^{y+\Delta y} dy' f_2(y')}$$

は条件 $y<Y\leq y+\Delta y$ のもとで, $x<X\leq x+\Delta x$ となる条件付き確率であるが, $\Delta x, \Delta y$ が小さいとすると, 近似的に

$$\frac{f(x,y)\Delta x \Delta y}{f_2(y)\Delta y} = \frac{f(x,y)}{f_2(y)}\Delta x$$

と書ける.

$$f(x|y) = \frac{f(x,y)}{f_2(y)} \tag{3.56}$$

と表わせば, これは Y を固定したときの X が従う分布の確率密度であり, **条件付き確率密度**という. $f(x|y)$ を x について $-\infty$ から ∞ まで積分すると,

$$\int_{-\infty}^{\infty} f(x|y)dx = \int_{-\infty}^{\infty} \frac{f(x,y)}{f_2(y)}dx = \frac{1}{f_2(y)}\int_{-\infty}^{\infty} f(x,y)dx = \frac{f_2(y)}{f_2(y)} = 1 \tag{3.57}$$

を満たしていることがわかる. 条件付き確率密度 $f(x|y)$ は, たとえば図3-9で, y が一定の面で2次元確率密度を切ったときの断面(破線)の分布を全確率1に規格化(すなわち $\int_{-\infty}^{\infty} f(x|y)dx=1$)したものなのである.

確率変数の独立性 やはり2-3節で定義した統計的独立の概念も確率分布で表わすことができる. (2.20)の関係は同時確率密度 $f(x,y)$ が x だけの関数と y だけの関数の積になることと同じである. 周辺確率を用いて

$$f(x,y) = f_1(x)f_2(y) \tag{3.58}$$

のとき, 確率変数 X と Y が統計的に独立であることになる.

[例4] 例1の硬貨投げの場合, $f_1(x)$ は百円硬貨の表裏と無関係に, 十円硬貨の表裏が出る確率であり, $f_1(1)=f_1(0)=1/2$, その他の x に対して $f_1(x)=0$ である. $f_2(y)$ も同じく, $f_2(1)=f_2(0)=1/2$, その他の y に対して $f_2(y)=0$ を満たす. このとき, たとえば, $f(1,0)=1/4$, $f_1(1)f_2(0)=\frac{1}{2}\times\frac{1}{2}=1/4$ のように, x, y のすべての値に対して(3.58)の成立していることがわかる. これは百円硬貨の表裏の出方が十円硬貨の表裏によらないことを, 確率密度で表現した

ものである.

学生の身長と体重の分布のようなときには，両者は無関係でありえず，一般に統計的に独立であるとはいえない．

―――――――――――――――― 問 題 3-4 ――――――――――――――――

1. 同時確率密度 $f(x,y)$ が (x,y) の各点で図のような値をとるような分布を考える．ただし図中，○は 1/8，△は 3/32，×は 1/16，□は 1/32 である．たとえば，$f(1,2)=1/8$ と読む．また，印をつけた点以外では，$f(x,y)=0$ である．この同時確率分布に対して，周辺確率密度 $f_1(x)$, $f_2(y)$ を計算せよ．また，$y=1$ のときの条件付き確率密度 $f(x|1)$ を計算せよ．

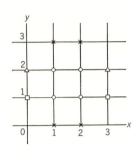

2. 関数 $f(x,y)=ce^{-(x^2+y^2)/2}$ が2次元確率密度となるように c の値を決定せよ．また，周辺確率密度 $f_1(x)$ を求めよ．

[ヒント] $x=r\cos\theta,\ y=r\sin\theta$ と変換せよ．

3-5 共分散と相関係数

期待値と分散 1変数の場合と同様に，X と Y のある関数 $\varphi(X,Y)$ について，$\varphi(X,Y)$ の期待値を

$$E[\varphi(X,Y)] = \begin{cases} \sum_{i=1}^{m}\sum_{j=1}^{n}\varphi(x_i,y_j)f(x_i,y_j) = \sum_{i=1}^{m}\sum_{j=1}^{n}\varphi(x_i,y_j)p_{ij} & \text{(離散的なとき)} \quad (3.59)\\ \int_{-\infty}^{\infty}dx\int_{-\infty}^{\infty}dy\,\varphi(x,y)f(x,y) & \text{(連続的なとき)} \quad (3.60) \end{cases}$$

で定義する．特に $\varphi(X,Y)=X$ に対する

$$E[X] = \begin{cases} \sum_{i=1}^{m}\sum_{j=1}^{n} x_i f(x_i, y_j) = \sum_{i=1}^{m}\sum_{j=1}^{n} x_i p_{ij} & \text{(離散的なとき)} \\ \int_{-\infty}^{\infty} dx \int_{-\infty}^{\infty} dy\, x f(x, y) & \text{(連続的なとき)} \end{cases}$$

は Y に無関係な X の平均となる.これを μ_x と表わすことにする.

Y の平均 μ_y, X の分散 σ_x^2, Y の分散 σ_y^2 も

$$\mu_y = E[Y]$$
$$\sigma_x^2 = E[(X-\mu_x)^2]$$
$$\sigma_y^2 = E[(Y-\mu_y)^2]$$

で定義できる.これらの量は1変数のものと変わるところはないが,2次元分布特有のものとして,

$$\begin{aligned}\sigma_{xy} &= E[(X-\mu_x)(Y-\mu_y)] \\ &= \begin{cases} \sum_{i=1}^{m}\sum_{j=1}^{n}(x_i-\mu_x)(y_j-\mu_y)f(x_i, y_j) & \text{(離散的なとき)} \quad (3.61)\\ \int_{-\infty}^{\infty} dx \int_{-\infty}^{\infty} dy\,(x-\mu_x)(y-\mu_y)f(x, y) & \text{(連続的なとき)} \quad (3.62) \end{cases}\end{aligned}$$

で定義する**共分散**(covariance)がある.これは2変数の間の関係の程度を示す大切な量である.

相関係数 実際の問題では,共分散の代りに,

$$\rho_{xy} = \frac{\sigma_{xy}}{\sigma_x \sigma_y} \tag{3.63}$$

で定義する**相関係数**(correlation coefficient)を使うことの方が多い.これは共分散を正規化(適当な量をかけて,とる値の範囲を標準的なものに制限)したもので,次の性質がある.

任意の実数 λ に対して,

$$\begin{aligned}&E[\{\lambda(X-\mu_x)+(Y-\mu_y)\}^2] \\ &= E[\lambda^2(X-\mu_x)^2] + E[2\lambda(X-\mu_x)(Y-\mu_y)] + E[(Y-\mu_y)^2] \\ &= \lambda^2 \sigma_x^2 + 2\lambda \sigma_{xy} + \sigma_y^2 \geqq 0\end{aligned}$$

が成り立っている．負でない量を加えたり積分したりしてもその値はやはり負でないからである．最後の不等式は，

$$\sigma_x^2\left(\lambda+\frac{\sigma_{xy}}{\sigma_x^2}\right)^2-\frac{1}{\sigma_x^2}(\sigma_{xy}^2-\sigma_x^2\sigma_y^2)\geqq 0$$

と書きかえられるが，どんな λ に対しても上式が成り立つためには，

$$\sigma_{xy}^2-\sigma_x^2\sigma_y^2\leqq 0$$

でなければならない．したがって，

$$\rho_{xy}^2=\frac{\sigma_{xy}^2}{\sigma_x^2\sigma_y^2}\leqq 1 \tag{3.64}$$

である．すなわち，相関係数は X と Y の関係の程度を -1 から 1 までの数で表わしたものなのである．

確率変数 X, Y が独立のとき，$f(x,y)=f_1(x)f_2(y)$ であるから，たとえば，連続変数の場合，x についての積分と y についての積分が分離できて，

$$\sigma_{xy}=\int_{-\infty}^{\infty}dx(x-\mu_x)f_1(x)\int_{-\infty}^{\infty}dy(y-\mu_y)f_2(y)$$

と書ける．ところが

$$\int_{-\infty}^{\infty}dx(x-\mu_x)f_1(x)=\int_{-\infty}^{\infty}dx\,xf_1(x)-\mu_x\int_{-\infty}^{\infty}dxf_1(x)=\mu_x-\mu_x=0$$

であるから（y についても同様），$\sigma_{xy}=0$ である．

このとき，(3.63) から $\rho_{xy}=0$，すなわち，X, Y が独立なら相関係数は 0 となるのである．このことを X と Y は**相関がない**ともいう．逆は必ずしも成り立たないこと，つまり $\rho_{xy}=0$ であるからといって X, Y が独立であるとはいえないことを注意しておく．

これまで述べてきた 2 次元分布は，一方が離散変数，他方が連続変数の場合にも適用できる．また 2 変数以上の場合にも拡張することができ，変数の数が n ならば n 次元確率分布という．

[**例1**] 前節例 4 で独立であることを示した 2 枚の硬貨投げについて，共分散が 0（すなわち相関係数が 0）となることを確かめてみよう．離散的な場合であり，

において，$(x_i, y_j)=(0,0), (0,1), (1,0), (1,1)$ の場合だけ和をとればよい．X の平均 μ_x は $\mu_x=\sum_{i=1}^{m} x_i f_1(x_i)$ で与えられるが，これも $x_i=0$ と 1 の場合だけ和をとればよい．$f_1(x)$ は Y に無関係な X の確率密度で $f_1(1)=f_1(0)=1/2$ である．したがって，$\mu_x=0\times\frac{1}{2}+1\times\frac{1}{2}=1/2$ となる．Y の平均も同様に，$\mu_y=1/2$. $f(x,y)$ は $x=0, 1$, $y=0, 1$ に対して $f(x,y)=1/4$ だから，結局

$$\sigma_{xy} = \left(0-\frac{1}{2}\right)\left(0-\frac{1}{2}\right)\times\frac{1}{4}+\left(0-\frac{1}{2}\right)\left(1-\frac{1}{2}\right)\times\frac{1}{4}+\left(1-\frac{1}{2}\right)\left(0-\frac{1}{2}\right)\times\frac{1}{4}$$
$$+\left(1-\frac{1}{2}\right)\left(1-\frac{1}{2}\right)\times\frac{1}{4} = 0 \quad \blacksquare$$

2変数の和の分布 確率変数 X, Y の同時確率分布 $f(x,y)$ から，確率変数の和 $Z=X+Y$ が従う分布の確率密度を求めよう．連続変数の場合について考えることにする．

まず，$z=x+y$, $w=y$ と変数変換をしたときの Z, W の同時確率分布 $g(z,w)$ を計算する．3-3節の例4，例5と同様に，変換をしても確率は変わらないから

$$\int_z^{z+\Delta z} dz' \int_w^{w+\Delta w} dw' g(z',w') = \int_x^{x+\Delta x} dx' \int_y^{y+\Delta y} dy' f(x',y')$$

が成り立たねばならない．$\Delta x, \Delta y \to 0$ の極限を考えて，

$$g(z,w)dzdw = f(x,y)dxdy$$

となる．ヤコビの行列式(本コース第1巻『微分積分』参照)を使うと，$dxdy$ と $dzdw$ の間には，

$$dzdw = \begin{vmatrix} \frac{\partial z}{\partial x} & \frac{\partial z}{\partial y} \\ \frac{\partial w}{\partial x} & \frac{\partial w}{\partial y} \end{vmatrix} dxdy = \begin{vmatrix} 1 & 1 \\ 0 & 1 \end{vmatrix} dxdy = dxdy$$

の関係があるから，

$$g(z,w) = f(x,y)$$

となる．さらに $y=w$, $x=z-w$ であることを使うと，結局

$$g(z,w) = f(z-w, w)$$

と書けることになる．

変換後の同時確率分布から Z の分布を知るには，周辺分布を求めればよい．(3.52) から

$$g_1(z) = \int_{-\infty}^{\infty} g(z,w)dw = \int_{-\infty}^{\infty} f(z-w,w)dw \qquad (3.65)$$

が $Z=X+Y$ の確率密度を与えることになる．

特に X と Y が独立であるときは，$f(x,y)=f_1(x)f_2(y)$ であるから

$$g_1(z) = \int_{-\infty}^{\infty} f_1(z-w)f_2(w)dw \qquad (3.66)$$

と書ける．(3.66) の型の積分は，たたみ込み積分と呼ばれているものである．

[例2] $f(x,y)=\dfrac{1}{2\pi}e^{-(x^2+y^2)/2}$ のとき，$Z=X+Y$ の分布の確率密度 $g_1(z)$ を求める．

(3.65) から，

$$g_1(z) = \int_{-\infty}^{\infty} \frac{1}{2\pi} e^{-\{(z-w)^2+w^2\}/2} dw$$

である．

$$-\frac{1}{2}\{(z-w)^2+w^2\} = -w^2+wz-\frac{1}{2}z^2 = -\left(w-\frac{1}{2}z\right)^2 - \frac{1}{4}z^2$$

となるから

$$g_1(z) = \int_{-\infty}^{\infty} \frac{1}{2\pi} e^{-(w-z/2)^2 - z^2/4} dw = \frac{1}{2\pi} e^{-z^2/4} \int_{-\infty}^{\infty} e^{-(w-z/2)^2} dw$$

$$= \frac{1}{2\sqrt{\pi}} e^{-z^2/4}$$

━━━━━━━━━━━━━━━━━━ **問題 3-5** ━━━━━━━━━━━━━━━━━━

1. サイコロを振ったときの目を確率変数 X，またその目を2乗したものを確率変数 Y とする．X のとりうる値は，1, 2, 3, 4, 5, 6 で，Y のとりうる値は 1, 4, 9, 16, 25, 36 である．X と Y の同時確率分布を考えたときの，確率密度，X の平均 μ_x，分散 σ_x^2，Y の平均 μ_y，分散 σ_y^2 および X と Y の相関係数 ρ_{xy} を求めよ．

2. X, Y が

$$f(x,y) = \begin{cases} e^{-x-y} & (x\geqq 0 \text{ かつ } y\geqq 0 \text{ のとき}) \\ 0 & (\text{その他の } x, y) \end{cases}$$

の2次元分布に従うとき，$Z=X+Y$ の従う分布の確率密度を求めよ．

第3章 演習問題

[1] 硬貨を投げて，初めて表のでる回数を確率変数 X とする．X の従う分布の確率密度を求め，それが(3.3)を満たしていることを示せ．また，$5\leqq X\leqq 10$ となる確率を求めよ．

[2] $0,1,\cdots,5$ の数字の書いてある札がそれぞれ1枚ずつある．無作為に2枚取り出したとき，その数字の和を確率変数 X として，確率密度，分布関数を求め，そのグラフを描け．また平均，標準偏差を求めよ．

[3]
$$f(x) = \begin{cases} c(1-x^2) & (-1\leqq x\leqq 1) \\ 0 & (\text{その他の } x) \end{cases}$$

が確率密度になるように c を求め，その分布に対する平均，分散を計算せよ．

[4] 確率密度が

$$f(x) = \begin{cases} e^{-x} & (x\geqq 0) \\ 0 & (x<0) \end{cases}$$

で与えられる分布について，分布関数，平均，分散，歪度を求めよ．

[5] ある大学の学生320人の身長を測ったところ，平均が172 cm, 標準偏差が5 cm であった．身長が162 cm より小さいか182 cm より大きい学生の数は，たかだか何人であるか．

[6] 問題4の確率密度について，モーメント母関数を求めよ．また $E[X^n]$ $(n=0,1,2,\cdots)$ はいくらか.

[7] X の確率密度が

$$f(x) = \begin{cases} \dfrac{1}{2}e^{-x} & (x\geqq 0) \\ \dfrac{1}{2}e^{x} & (x<0) \end{cases}$$

で与えられている場合に，$Y=X^2$ が従う分布の確率密度を求めよ．

[8]
$$f(x,y) = \begin{cases} \dfrac{2}{(1+x+y)^3} & (x \geqq 0, y \geqq 0) \\ 0 & (その他の\ x) \end{cases}$$

の確率密度をもつ同時確率分布について，周辺確率密度 $f_1(x)$ および条件付き確率密度 $f(y|x)$ を求めよ．

[9]
$$f(x,y) = \dfrac{1}{2\pi\sqrt{x^2+y^2}} e^{-\sqrt{x^2+y^2}}$$

の確率密度をもつ同時確率分布について，確率変数 X と Y は独立ではないが，相関係数は 0 となることを示せ．

Coffee Break

サイコロの歴史

　この本によく登場するサイコロの歴史は非常に古い．紀元前 3000 年頃のモヘンジョダロの遺跡や紀元前 2000 年頃のエジプトの墓から発掘されたものがある．そのほか世界各地で出土しているが，材料は石，陶器，象牙，水晶，シカの角，牛馬の歯とさまざまである．現在のサイコロは，1 の目の反対面が 6 の目であるように，ある面と反対面の目の和が 7 になっているが，発掘されたサイコロのうちには，2 の目の反対面が 4，3 の目の反対面が 5，6 の目の反対面が 9 となっているような奇妙なものもある．

　日本には 7 世紀後半すごろくの用具の一部として伝えられたそうである．もともとは神事や占いに使われていたが，いまではゲームや賭けごとによく用いられる．2 個のサイコロをつぼに入れて振り，出た目の和が偶数（丁）か奇数（半）かに賭ける「丁半」を含め，サイコロだけを使うゲームは 30 種類以上ある．

4

主な分布

　分布にはさまざまなものがあり，式の上ではいくらでも作ることができる．しかし，実際世の中に現われる偶然は，いくつかの基本的な分布で共通に表わせる．たとえば，身長の分布，ある製品の不良品の程度についての分布，気体中の分子の速度の分布，これらは理想的にはすべて正規分布に従うと考えてよい．本章では，実際上よく出てくる分布を順に見ていくことにする．

4-1 2項分布

2項分布の定義 まず,次の例を考えてみよう.表の出る確率が1/3,裏の出る確率が2/3であるようないびつな硬貨を5回投げる.このとき,表の出る回数を確率変数 X とすると,X はどのような分布に従うであろうか.確率密度 $f(x)$ を求めてみる.たとえば,$X=2$ となる場合の数は,異なる5個のものから任意に2個とる組合せの数と同じであるから,(1.21)より

$$_5C_2 = \frac{5!}{2!3!} = 10 \text{(通り)}$$

である.各回の硬貨投げは他の回の硬貨投げに影響を及ぼすことはなく,統計的に独立であるから,1つ1つの場合の起こる確率は

$$\underbrace{\frac{1}{3} \times \frac{1}{3}}_{\text{表2回}} \times \underbrace{\frac{2}{3} \times \frac{2}{3} \times \frac{2}{3}}_{\text{裏3回}} = \left(\frac{1}{3}\right)^2 \left(\frac{2}{3}\right)^3$$

である.したがって,$X=2$ となる確率 $f(2)$ は,上の確率を起こる場合の数だけ加えて

$$f(2) = 10 \times \left(\frac{1}{3}\right)^2 \left(\frac{2}{3}\right)^3 = \frac{80}{243}$$

となる.同様に,表が1回も出ない確率は $f(0) = {}_5C_0 \times \left(\frac{1}{3}\right)^0 \left(\frac{2}{3}\right)^5 = 32/243$,表が1回出る確率は $f(1) = {}_5C_1 \times \left(\frac{1}{3}\right)^1 \left(\frac{2}{3}\right)^4 = 80/243$,表が3回出る確率は $f(3) = {}_5C_3 \times \left(\frac{1}{3}\right)^3 \left(\frac{2}{3}\right)^2 = 40/243$,表が4回出る確率は $f(4) = {}_5C_4 \times \left(\frac{1}{3}\right)^4 \left(\frac{2}{3}\right)^1 = 10/243$,5回とも表の出る確率は $f(5) = {}_5C_5 \times \left(\frac{1}{3}\right)^5 \left(\frac{2}{3}\right)^0 = 1/243$ となる.X のとりうる値はこれら6つの場合だけであり,$f(x)$ のグラフを折線で表わすと図4-1のようになる.

一般に,ある事象 A の起こる確率 $P(A)=p$ が与えられているとき,n 回独立試行(32ページを見よ)を行なって A が x 回起こる確率は,

$$f(x) = {}_nC_x \, p^x (1-p)^{n-x} \qquad (x=0,1,2,\cdots,n) \tag{4.1}$$

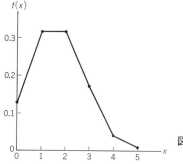

図 4-1　2項分布の例 $Bin(5, 1/3)$

となる．これを **2項分布** (binomial distribution) または **ベルヌーイ分布** (Bernoulli distribution) という．

2項分布の条件は「2つの種類 A, B からなる集団で，種類 A のものの占める割合が p であるとき，この集団から作為なしに1個とり出すという試行を n 回行なって，種類 A のものを x 個とる確率は，…」といいかえてもよい．つまり，繰り返して行なう試行で，2つの結果（成功と失敗といってもよい）しか起こらないときに出てくる分布なのである．

[例1] 男女の生まれる確率が同じであると仮定したとき，子供が3人の家庭で3人とも男である確率は，$n=3$，$p=1/2$ で $x=3$ の場合であるから，

$$f(3) = {}_3C_3\left(\frac{1}{2}\right)^3\left(1-\frac{1}{2}\right)^0 = \frac{1}{8}$$

である．

[例2] 1問に選択肢が5個あり，その中の正しいものに ○ をつけよという設問が10題ある．ただし，正しいものは各問に1個ずつしかないとする．正解を1つ10点としたとき，まったくでたらめに ○ をつけて80点以上とれる確率を求めてみる．各設問でまぐれ当たりする確率は，$p=1/5$ である．$n=10$ のうちで x 題まぐれ当たりする確率は，(4.1) より，

$$f(x) = {}_{10}C_x\left(\frac{1}{5}\right)^x\left(1-\frac{1}{5}\right)^{10-x}$$

80点以上とれるのは，$x=8, 9, 10$ の場合だから，全部加えて

$$f(8)+f(9)+f(10) = {}_{10}C_8\left(\frac{1}{5}\right)^8\left(\frac{4}{5}\right)^2 + {}_{10}C_9\left(\frac{1}{5}\right)^9\left(\frac{4}{5}\right)^1 + {}_{10}C_{10}\left(\frac{1}{5}\right)^{10}\left(\frac{4}{5}\right)^0$$

$$= \frac{1}{5^{10}}(45\times16+10\times4+1) = \frac{761}{5^{10}} \doteqdot 7.8\times10^{-5}$$

$$= 約\,0.008\%$$

そんなうまい話は文字通り万に 1 つも起こらない. ▮

　2 項分布は, 試行回数 n と事象 A の起こる確率 p によって分布が完全に決まるので, この 2 項分布を $Bin(n, p)$ と表わす. $Bin(5, 1/3)$ の分布の形が図 4-1

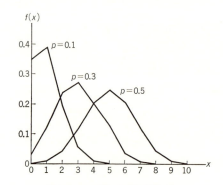

図 4-2　2 項分布 $Bin(10, p)$
表の出る確率が p の硬貨を 10 回投げたとき, 表が x 回出る確率 $f(x)$. $p=0.5$ のとき対称になる.

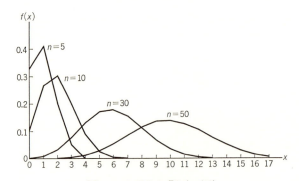

図 4-3　2 項分布 $Bin(n, 0.2)$
表の出る確率が 0.2 の硬貨を n 回投げたとき, 表が x 回出る確率 $f(x)$. n が大きくなるにつれて, 分布は対称形に近づく.

である．nを固定してpを変えたときの分布の例を図4-2に示す．$p=1/2$のときはグラフは対称であるが，pが1/2から離れるに従って対称性はくずれていく．また，pを固定してnを変えたときの分布の例が図4-3である．nが小さいときは対称ではないが，nが大きくなるにつれて対称形に近づいていくことがわかる．

2項分布の性質 2項分布は，その名のとおり，第1章の2項定理と密接に関係している．(4.1)で$q=1-p$と書くと，
$$f(x) = {}_nC_x p^x q^{n-x}$$
となるが，これは$(p+q)^n$の2項展開式(1.25)の各項に相当しているのである．このことを使って，2項分布の性質を調べることができる．

たとえば，
$$\sum_{x=0}^{n} f(x) = f(0)+f(1)+\cdots+f(n)$$
は(1.25)から$(p+q)^n$そのものに等しい．$p+q=1$であるから，
$$\sum_{x=0}^{n} f(x) = 1$$
となり，$f(x)$はたしかに確率密度の性質(3.3)を満たしていることがわかる．

2項分布の平均μ，分散σ^2も2項定理を使うと簡単な形で表わせる．
$$\sum_{x=0}^{n} {}_nC_x p^x q^{n-x} = (p+q)^n \tag{4.2}$$
の両辺をpで微分すると，
$$\sum_{x=0}^{n} x \, {}_nC_x p^{x-1} q^{n-x} = n(p+q)^{n-1} \tag{4.3}$$
となる．両辺にpをかけて，$p+q=1$であることを使うと，
$$\sum_{x=0}^{n} x \, {}_nC_x p^x q^{n-x} = np \tag{4.4}$$
と表わせる．左辺は2項分布の平均$\mu=\sum_{x=0}^{n} x f(x)$そのものであるから，結局
$$\mu = np \tag{4.5}$$

(4.3)の両辺をさらにpで微分すると，

4 主な分布

$$\sum_{x=0}^{n} x(x-1) {}_nC_x p^{x-2} q^{n-x} = n(n-1)(p+q)^{n-2} \quad (4.6)$$

両辺に p^2 をかけて

$$\sum_{x=0}^{n} (x^2-x) {}_nC_x p^x q^{n-x} = \sum_{x=0}^{n} x^2 {}_nC_x p^x q^{n-x} - \sum_{x=0}^{n} x {}_nC_x p^x q^{n-x}$$
$$= n(n-1)p^2 \quad (4.7)$$

となるから，(4.4)を使うと，

$$\sum_{x=0}^{n} x^2 {}_nC_x p^x q^{n-x} = n(n-1)p^2 + np \quad (4.8)$$

と表わせる．ところが，2項分布の分散 σ^2 は，(3.34)を使って

$$\sigma^2 = \sum_{x=0}^{n} (x-\mu)^2 f(x)$$
$$= \sum_{x=0}^{n} x^2 f(x) - \mu^2 = \sum_{x=0}^{n} x^2 {}_nC_x p^x q^{n-x} - \mu^2 \quad (4.9)$$

と書ける．(4.5)と(4.8)を使うと，

$$\sigma^2 = n(n-1)p^2 + np - (np)^2$$

すなわち，

$$\sigma^2 = np(1-p) \quad (4.10)$$

となる．

[例3] 例2の試験問題の場合，あてずっぽうに○をつけたときに当たる確率は $p=1/5$ なので，1問の得点の平均は $\mu=10\times(1/5)=2$ であるから，10問で20点が妥当な得点である．また，分散は $\sigma^2=10\times\dfrac{1}{5}\times\dfrac{4}{5}=1.6$ となる．標準偏差は $\sigma=\sqrt{1.6}\fallingdotseq1.3$ であるから，20点±13点ぐらいのところに得点は分布すると考えてよい．∎

大数の法則 2項分布で n を大きくしたとき，X の分布はだんだん対称形になるのを図4-3でみた．見方を変えて，$X/n=T$ を新しい確率変数と考え，その確率分布がどのような形になるかを考えてみよう．$f(x)$ が $Bin(n, 0.2)$ に従うとき，T の分布の確率密度 $g(t)$ のグラフは図4-4のようになる．これは図4-3で横軸を $1/n$ 倍，縦軸を n 倍したものである．すなわち，(3.39)で $a=1/n$,

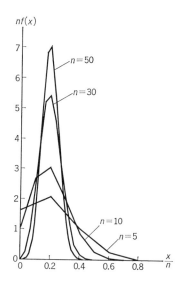

図 4-4　$T = X/n$ の分布
$(Bin(n, 0.2)$ の場合)
n が大きくなるにつれて, x/n
$= 0.2$ のまわりに分布が集中
してくる.

$b=0$ としたときの式

$$g(t) = nf(nt)$$

で $f(x)$ と関係しているのである. 図は n をふやすと, $t=0.2(=p)$ のまわりにどんどん分布が集中してきて, 高さが大きくなる様子を示している.

　式でみると, (4.5)から X の平均は np であるから, X/n の平均は p になることがわかる. また, (4.10)から X の分散は $np(1-p)$ であるから, X/n の分散 $((X/n)^2$ の平均)は $p(1-p)/n$ になることもわかる. 平均は n によらず一定で, 分散は n が大きくなるにつれて 0 に近づくから, 分布は p の近くに集中するのである.

　これをもっと正確にいうためには, 3-3 節のチェビシェフの不等式(46 ページ)を使うとよい. (3.26)で $\mu = np$, $\sigma = \sqrt{np(1-p)}$ とすると, 任意に選んだ正の数 a に対して,

$$P(|X-np| \leqq a\sqrt{np(1-p)}) \geqq 1 - \frac{1}{a^2}$$

が成り立つ. また, 確率 P は 1 を越えることはない. 上式でかっこ内の両辺を

n で割ると

$$1 \geq P\left(|T-p| \leq a\sqrt{\frac{p(1-p)}{n}}\right) \geq 1 - \frac{1}{a^2} \tag{4.11}$$

である．a をどんなに大きく選んでも，$\sqrt{n}$ をそれよりもっと大きくすれば，$a\sqrt{\frac{p(1-p)}{n}}$ はいくらでも小さくすることができる．$a\sqrt{\frac{p(1-p)}{n}}$ を ε で表わすと，(4.11)は

$$1 \geq P(p-\varepsilon \leq T \leq p+\varepsilon) \geq 1 - \frac{1}{a^2} \tag{4.12}$$

と書ける．a を十分大きくとれば，(4.12)の右辺はほとんど1に等しい．ここで，n を a^2 にくらべて十分大きくすれば，ε は非常に小さくなるから，T が p に近い値をとる確率がほとんど1になることを(4.12)は意味している．いいかえれば，「1回1回の試行で，ある事象 A が起こるかどうかは確率的にしかわからないが，<u>試行回数を増せば増すほど，その事象の起こる割合は一定の値 p に近づく</u>」ことを示しており，この性質を**大数の法則**という．

チェビシェフの不等式は2項分布だけでなく，どのような分布に対しても成り立つものであるから，大数の法則もどんな分布に対してもあてはまる．(4.12)を簡単に書くと，$n \to \infty$ のとき $X/n \to p$ であり，大数の法則は第2章の経験的確率を数学的に扱う大切な根拠となっている．

━━━━━━━━━━━━━━━━ 問 題 4-1 ━━━━━━━━━━━━━━━━

1. 10個のねじが入っている箱がある．このうち1個のねじは不良品である．この箱からねじを1個とり出しては元に戻すという操作(復元抽出)を3回行なったとき，不良品を少なくとも1回とる確率を求めよ．

2. まともなサイコロを30回振るとき，1の目のでる回数の平均 μ と標準偏差 σ を求めよ．

4–2 ポアソン分布, 多項分布, 超幾何分布

ポアソン分布 前節で考えた硬貨がもっといびつで, 表のでる確率が $p=1/50=0.02$ であるとしよう. 硬貨を 100 回投げたとき, 表のでる回数 X は 2 項分布 $Bin(100, 0.02)$ に従う. 平均は (4.5) から $\mu=2$ である. 表が x 回でる確率, すなわち $X=x$ となる確率を (4.1) に従って計算してみると,

$$f(0) = {}_{100}C_0 \left(\frac{1}{50}\right)^0 \left(\frac{49}{50}\right)^{100} = 1\cdot 1\cdot 0.1326 \fallingdotseq 0.133$$

$$f(1) = {}_{100}C_1 \left(\frac{1}{50}\right)^1 \left(\frac{49}{50}\right)^{99} = 100\cdot 0.02\cdot 0.1353 \fallingdotseq 0.271$$

以下同様に,

$$f(2) = 0.273, \ f(3) = 0.182, \ f(4) = 0.092, \ f(5) = 0.035,$$
$$f(6) = 0.014$$

となる. つまり, x が $3, 4, 5, \cdots$ と大きくなると, その確率は急速に 0 に近づく.

このように, めったに起こらない事象に対して, 何回も試行を行なうときには, 2 項分布を近似した分布を考えることができる. その近似分布を求めよう. (4.1) に $\mu=np$ を代入して p を消去すると,

$$f(x) = \frac{n(n-1)\cdots(n-(x-1))}{x!} \left(\frac{\mu}{n}\right)^x \left(1-\frac{\mu}{n}\right)^{n-x}$$

$$= \frac{\mu^x}{x!} \cdot 1 \cdot \left(1-\frac{1}{n}\right)\left(1-\frac{2}{n}\right)\cdots\left(1-\frac{x-1}{n}\right) \left\{\left(1-\frac{\mu}{n}\right)^{-n/\mu}\right\}^{-\mu} \left(1-\frac{\mu}{n}\right)^{-x}$$

となる. x や μ は有限の値をとるとして, $n\to\infty$ の極限を考えると, 公式

$$\lim_{n\to\infty}\left(1\pm\frac{1}{n}\right)^n = e^{\pm 1}$$

(本コース第 1 巻『微分積分』参照) により,

$$\lim_{n\to\infty}\left(1-\frac{\mu}{n}\right)^{-n/\mu} = e \tag{4.13}$$

である. また $\dfrac{1}{n}, \dfrac{2}{n}, \cdots, \dfrac{x-1}{n}$ や $\dfrac{\mu}{n}$ はすべて 0 に近づくから, 極限において 2

項分布は

$$f(x) = \frac{\mu^x}{x!} e^{-\mu} \tag{4.14}$$

となる．この分布を**ポアソン(Poisson)分布**という．つまり，2項分布で $\mu=np$ を有限の値に保ちながら，$n\to\infty$ の極限をとったものである．このとき $p\to 0$ となっていることに注意しよう．

ポアソン分布は，平均 μ によって完全に分布が決まるので，$P(\mu)$ と書くことがある．いくつかの μ について分布の様子を示したのが図 4-5 である．先にふれたように，起こる確率の少ない事象を多数回試行して，その平均がそれほど大きくないときに，事象の起こる回数を支配する分布である．

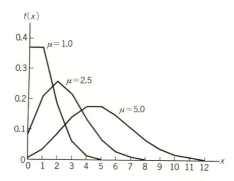

図 4-5 ポアソン分布 $P(\mu)$：　$f(x)=\dfrac{\mu^x}{x!}e^{-\mu}$
あまり起こらない事柄を扱うときに使われる．

この分布の分散は，やはり2項分布の分散の極限を考えて，

$$\sigma^2 = np(1-p) = \mu\left(1-\frac{\mu}{n}\right)\xrightarrow[n\to\infty]{}\mu \tag{4.15}$$

となる．すなわち，ポアソン分布の分散 σ^2 は平均 μ に等しい．

ポアソン分布の具体例として，きわめて古典的なものと最近のものとを次に挙げる．

[例1]　プロシャにおいて，1875 年から 1894 年までの 20 年間に，馬に蹴られて死亡した兵士の数を調べた結果，次の表が得られた．

死亡者数	0	1	2	3	4	計
部隊数	109	65	22	3	1	200

各部隊の平均死亡者数は $(0\times109+1\times65+2\times22+3\times3+4\times1)/200=0.61$ である．非常に多くの兵士の中で馬に蹴られて死ぬのはめったにないことであり，死亡者数 X が $\mu=0.61$ のポアソン分布 $f(x)=(0.61)^x e^{-0.61}/x!$ に従うとすると，$N(x)=200f(x)$ を計算して

$N(0)=108.7$, $N(1)=66.3$, $N(2)=20.2$, $N(3)=4.1$, $N(4)=0.6$

となる．実際の値と比較すると，ポアソン分布の理論値は非常によくあっていることがわかる．

[例2] ある2年間のセ・パ両リーグの公式戦1560試合について，各試合で何回逆転が起こるか，その度数と頻度を調べて下の表が得られた．逆転度数とは，たとえば

```
Aチーム | 0 1 0 4 0 0 0 0 0 | 5
Bチーム | 0 2 1 0 0 0 0 3 × | 6
```

の場合，2回裏，4回表，8回裏で逆転が起こっているから3である．

逆転度数	0	1	2	3	4以上	計
頻度	944	457	128	25	6	1560

平均逆転度数は 0.52 であり，度数 X が $P(0.52)$ に従うとして例1と同様に計算すると，

$N(0)=927.0$, $N(1)=482.5$, $N(2)=125.6$, $N(3)=21.8$,
$N(x\geqq4)=3.1$

となり，例1の馬に蹴られて死亡した兵士の数ほどではないが，理論値は実際の値によくあっている．

これらの例の他に，ポアソン分布に従うものとしては，放射性原子の1分間の崩壊数，1日の交通事故件数，1カ月の有感地震の回数などが考えられる．すなわち，非常に多数の人や物の中で，あまり起こらない事柄を扱うときに使

われるのである．

例題 4.1 ある図書館には平均 1 時間に 3 人の割合で利用者がやってくる．この図書館へ 1 時間に 5 人以上利用者のくる確率を求めよ．

[解] 利用者数 X は $P(3)$ に従うと考えてよい．やってくる利用者数が 5 人未満である確率は

$$f(0)+f(1)+\cdots+f(4) = e^{-3}+\frac{3}{1!}e^{-3}+\cdots+\frac{3^4}{4!}e^{-3}$$

$$= e^{-3}\left(1+3+\frac{3^2}{2}+\frac{3^3}{6}+\frac{3^4}{24}\right) \fallingdotseq 0.815$$

5 人以上くる確率はこの値を 1 から引けばよい．

$$1-0.815 = 0.185 \qquad [答] \quad 18.5\%$$

多項分布 2 項分布は，硬貨投げの表裏のように，各試行で 2 つの結果しか起こらない場合にあてはまるものであった．硬貨の代りに，将棋の駒投げを考えると，各試行では表裏の他に駒が立つという 3 つの結果が起こる．いま駒を 5 回投げて，表が 3 回，裏が 1 回，立つが 1 回起こる確率 P を考えてみよう．ただし表のでる確率を p_1，裏のでる確率を p_2，立つ確率を p_3 とする．それ以外の場合は考えないから，$p_1+p_2+p_3=1$ である．

2 項分布が 2 項定理の展開式の各項に相当していたのと同じように，この場合も $(p_1+p_2+p_3)^5$ で p_1 を 3 個，p_2 を 1 個，p_3 を 1 個選ぶ組合せの数で P が決まるから，多項定理の展開式 (1.26) を使って，

$$P = \frac{5!}{3!1!1!}p_1^3 p_2^1 p_3^1$$

となる．たとえば $p_1=p_2=2/5$, $p_3=1/5$ のとき，$P=20\times\left(\frac{2}{5}\right)^4\left(\frac{1}{5}\right)^1 \fallingdotseq 0.102$ である．

一般に 1 回の試行で起こりうる結果が m 通りあり，それぞれの結果の起こる確率を $p_1, p_2, \cdots, p_m$ とする．n 回独立な試行を行ない，i 番目の結果の起こる回数を確率変数 X_i としたとき

$$X_1 = x_1, \ X_2 = x_2, \ \cdots, \ X_m = x_m$$

となる確率 $P(X_1=x_1, X_2=x_2, \cdots, X_m=x_m)$ は，確率密度

$$f(x_1, x_2, \cdots, x_m) = \frac{n!}{x_1! x_2! \cdots x_m!} p_1^{x_1} p_2^{x_2} \cdots p_m^{x_m} \tag{4.16}$$

で与えられ，この確率分布を**多項分布**という．ただし，

$$x_1 + x_2 + \cdots + x_m = n \tag{4.17}$$
$$p_1 + p_2 + \cdots + p_m = 1 \tag{4.18}$$

である．この分布は確率変数が m 個ある多次元分布である．しかし，確率変数 $X_1, X_2, \cdots, X_m$ はたがいに独立ではない．なぜなら，(4.17)の条件があるので，たとえば駒投げのように，$x_1=3, x_2=1$ を決めると $x_3=1$ は自動的に決まってしまうからである．

それぞれの確率変数 $X_1, X_2, \cdots, X_m$ の平均を $\mu_1, \mu_2, \cdots, \mu_m$，分散を $\sigma_1^2, \sigma_2^2, \cdots, \sigma_m^2$ とすると，2項分布の場合と同様に，

$$\mu_i = np_i$$
$$\sigma_i^2 = np_i(1-p_i) \quad (i=1,2,\cdots,m) \tag{4.19}$$

となる．

[**例3**] 1, 2, 3 の目のでる確率が 2/9，4, 5, 6 の目のでる確率が 1/9 のいびつなサイコロを 10 回投げて，1 の目が 3 回，2 の目が 2 回，3 の目が 1 回，4 の目が 1 回，5 の目が 2 回，6 の目が 1 回でる確率 P を求める．$p_1=p_2=p_3=2/9$，$p_4=p_5=p_6=1/9$，$x_1=3$，$x_2=x_5=2$，$x_3=x_4=x_6=1$，$n=10$ として(4.16)を使うと，

$$P = \frac{10!}{3!2!1!1!2!1!} \left(\frac{2}{9}\right)^3 \left(\frac{2}{9}\right)^2 \left(\frac{2}{9}\right)^1 \left(\frac{1}{9}\right)^1 \left(\frac{1}{9}\right)^2 \left(\frac{1}{9}\right)^1$$
$$\fallingdotseq 2.78 \times 10^{-3} = 0.28\%$$

この例では，場合の数がたくさんあるから，そのうちの 1 つの場合の起こる確率は非常に小さいのである．

超幾何分布 2項分布の例の 1 つに問題 4-1 問 1 のような復元抽出があった．とっては戻すという操作を何回行なっても不良品の占める割合 $p=1/10$ は変わらず，各試行はたがいに独立であり，2項分布の仮定が成り立っていたのである．ところが，戻さないでねじをとる操作(非復元抽出)を行なうと，1 回の操

作ごとに箱の中の不良品の占める割合が変わるので,各試行は独立でなくなり,2項分布は使えない.

[例4] いま10個のねじのうち,4個が不良品であるとする.ねじを戻さずに1個ずつ3回とり出したとき,2個不良品にぶつかる確率Pを求めてみる.3回の操作でねじをとり出す組合せの総数は${}_{10}C_3 = 120$通りある.不良品4個のうちの2個をとり,不良でない品を$10-4=6$個のうち$3-2=1$個とる場合の数は${}_4C_2 \times {}_6C_1 = 36$である.したがって,

$$P = \frac{{}_4C_2 \times {}_6C_1}{{}_{10}C_3} = \frac{36}{120} = 0.3$$

一般に,2つの種類のものからなる総数N個の集団で,種類AのものがM個含まれているとする.また,この集団から無作為に1個戻さずにとるという試行をn回行なったとき,とり出された種類Aのものの個数を確率変数Xとする.n回の試行でとり出されるものの組合せの総数は${}_NC_n$であり,種類AのものM個のうちx個をとる場合の数は${}_MC_x$,種類Aでないもの$N-M$個のうち$n-x$個をとる場合の数は${}_{N-M}C_{n-x}$だから,$X=x$である確率は,確率密度

$$f(x) = \frac{{}_MC_x \cdot {}_{N-M}C_{n-x}}{{}_NC_n} \tag{4.20}$$

で与えられることになる.この確率分布を**超幾何分布**という.これは名前もいかめしいが,分布を決めるパラメータもN, M, nの3つあり,図表にしにくい分布である.

超幾何分布の条件で,種類Aのものが含まれている割合は最初$p = M/N$である.もし,試行回数nにくらべてMもNも十分大きければ,戻さずにとるという試行をしても,pはほとんど変わらない.したがって各試行はほぼ独立であると考えることができ,超幾何分布は2項分布で近似できる.

[例5] ねじが100個あって不良品が20個含まれているとき,2回戻さずにとり出してx個不良品をとる確率$f(x)$を$x=0, 1, 2$の場合について,(4.20)によって計算してみる.

$$f(0) = {}_{20}C_0 \times {}_{80}C_2 / {}_{100}C_2 = 1 \times \frac{80 \times 79}{2} \bigg/ \frac{100 \times 99}{2} = \frac{632}{990} \doteqdot 0.638$$

$$f(1) = {}_{20}C_1 \times {}_{80}C_1 / {}_{100}C_2 = 20 \times 80 \bigg/ \frac{100 \times 99}{2} = \frac{320}{990} \doteqdot 0.323$$

$$f(2) = {}_{20}C_2 \times {}_{80}C_0 / {}_{100}C_2 = \frac{20 \times 19}{2} \times 1 \bigg/ \frac{100 \times 99}{2} = \frac{38}{990} \doteqdot 0.038$$

この3つの場合がすべてであるから $f(0)+f(1)+f(2)=1$ となるはずである. $0.638+0.323+0.038=0.999$ となるが 0.001 の違いは計算誤差である. 確率・統計の問題では, もともと偶然を扱っているので, あまり細かいところに神経質になっても仕方がない.

2項分布(4.1)によって計算してみると, $p=20/100=0.2$, $n=2$ であるから

$$f(0) = {}_2C_0 \,(0.2)^0(0.8)^2 = 0.64$$
$$f(1) = {}_2C_1 \,(0.2)^1(0.8)^1 = 0.32$$
$$f(2) = {}_2C_2 \,(0.2)^2(0.8)^0 = 0.04$$

となる. 小数点以下2位まででは, 超幾何分布の結果とまったく一致している. ▮

============================== 問 題 4-2 ==============================

1. ある魚屋では毎日平均鯛が2尾売れる. 客が買いに来たとき品切であることが10日に1回の割合でしか起こらないようにするには, 毎朝最低何尾仕入れておけばよいか. (その日のうちに売れなかった鯛はもちろん翌日売ることはないとする.)

2. 同じ種類の6個の玉を, 1,2,3の番号のついた箱に1個ずつ入れていく. ただし, 入れるとき1,2,3の箱を選ぶ確率は $1:2:3$ とする. このとき6個とも3の箱に入れる確率を求めよ.

3. 8枚の三角くじがあり, その中に空くじが5枚あるとする. いま3枚とり出したとき, すべて空くじであった. このようにつきのないことの起こる確率はいくらか.

4-3 中心極限定理と正規分布

2項分布の極限　4-1節では，2項分布でnを大きくしていったとき，$T=X/n$の分布はpのまわりに集中し，大数の法則が成り立つことを知った．4-2節では，平均$\mu=np$のμを固定してnを大きくしていったとき，Xの分布がポアソン分布に近づくことを知った．それでは，pが小さくないときにnを大きくしていけば，Xはどんな分布になるだろうか．結果を先に述べると，Xの代りに，

$$Z = \frac{X-\mu}{\sigma} \tag{4.21}$$

とおいたとき，Zは

$$g(z) = \frac{1}{\sqrt{2\pi}} e^{-z^2/2} \tag{4.22}$$

の分布に従う．これを正確にいおうというのが**中心極限定理**である．2項分布ではxは$0,1,2,\cdots$の離散変数であったが，(4.22)ではzは連続変数と考えている．(4.22)は3-3節の例題3.4でふれた，平均が0，分散が1の**標準正規分布**であり，$N(0,1)$と表わす．

また，連続変数yに対して，

$$h(y) = \frac{1}{\sqrt{2\pi}\,\sigma} \exp\left[-\frac{(y-\mu)^2}{2\sigma^2}\right] \tag{4.23}$$

の形の分布を平均μ，分散σ^2の**正規分布**(normal distribution)といい，$N(\mu,\sigma^2)$と表わす．例題3.4のように，変数変換をほどこすと，(4.23)の分布はいつでも(4.22)の標準正規分布の形に直すことができる．

正規分布は単に2項分布の極限として得られるだけでなく，理工学の広い分野であらわれる．2項分布がいろいろな確率分布の出発点として重要なものであるのに対して，正規分布は実用上もっとも重要な分布である．正規分布はガ

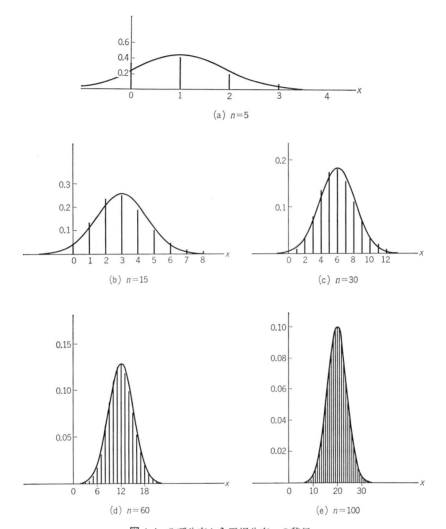

図 4-6 2 項分布から正規分布への移行
いくつかの n に対して，$Bin(n, 0.2)$ の確率密度の値を棒グラフで，$N(0.2n, 0.16n)$ の確率密度を曲線で示す．n の値によって，縦軸，横軸の尺度を変えていることに注意．

ウス(C.F. Gauss)が測定誤差の研究の中で見つけたので**ガウス分布**または誤差法則とよぶこともある．

2項分布がnを大きくしたとき正規分布になる様子をまず図でみてみよう．$Bin(n, 0.2)$の場合について，棒グラフで2項分布(4.1)の値を示し，曲線で$\mu = np = 0.2n$, $\sigma^2 = np(1-p) = 0.16n$の正規分布(4.23)の値を示したのが図4-6である．nが大きくなるにつれて，正規分布は2項分布をよく近似していることがわかる．

離散から連続へ この結果を式でいうには工夫が必要である．

$$z = \frac{x-\mu}{\sigma} = \frac{x-np}{\sqrt{np(1-p)}} \tag{4.24}$$

の値は離散的なxの値$0, 1, 2, \cdots$に対して，等間隔

$$\Delta z = \frac{1}{\sqrt{np(1-p)}} \tag{4.25}$$

で並んでいる．つまりxを$x+\Delta x$とするとzは$z+\Delta z$になる．ただし$\Delta x = 1$である．またΔzを使うと，(4.24)から

$$x = np + \frac{z}{\Delta z} \tag{4.26}$$

と書ける．nを大きくしていくと，区間幅Δzはどんどん小さくなり，$n \to \infty$の極限ではzを連続変数と考えてよいであろう．

さて，2項分布の式

$$f(x) = {}_nC_x p^x (1-p)^{n-x} = \frac{n!}{x!(n-x)!} p^x (1-p)^{n-x}$$

で，xを$x+1$とすると，

$$f(x+1) = {}_nC_{x+1} p^{x+1}(1-p)^{n-x-1} = \frac{n!}{(x+1)!(n-x-1)!} p^{x+1}(1-p)^{n-x-1}$$

となるから，

$$\frac{f(x+1)}{f(x)} = \frac{(n-x)p}{(x+1)(1-p)} \tag{4.27}$$

である．

Zが従う分布を$g(z)$とする．xの変化$\Delta x = 1$に対するzの変化をΔzとして

いるから，x から z に変数変換しても確率が変わらないという条件は，

$$g(z) = \frac{\Delta x}{\Delta z} f(x) = \frac{1}{\Delta z} f(x) \tag{4.28}$$

である．また

$$g(z+\Delta z) = \frac{1}{\Delta z} f(x+1)$$

も成り立つ．したがって，

$$\frac{g(z+\Delta z)}{g(z)} = \frac{f(x+1)}{f(x)} = \frac{(n-x)p}{(x+1)(1-p)}$$

である．(4.26)を代入して x を消去すると

$$\frac{g(z+\Delta z)}{g(z)} = \frac{(n-np-z/\Delta z)p}{(np+z/\Delta z+1)(1-p)} = \frac{np(1-p)-pz/\Delta z}{np(1-p)+(1-p)(z/\Delta z+1)}$$

(4.25) より $np(1-p)=1/(\Delta z)^2$ だから，

$$\frac{g(z+\Delta z)}{g(z)} = \frac{\dfrac{1}{(\Delta z)^2} - p\dfrac{z}{\Delta z}}{\dfrac{1}{(\Delta z)^2} + (1-p)\left(\dfrac{z}{\Delta z}+1\right)} = \frac{1-pz\Delta z}{1+(1-p)\{z\Delta z+(\Delta z)^2\}}$$

となる．この式を使って

$$\frac{g(z+\Delta z)-g(z)}{\Delta z} = \left(\frac{g(z+\Delta z)}{g(z)}-1\right)\frac{g(z)}{\Delta z}$$

$$= \frac{1-pz\Delta z-1-(1-p)\{z\Delta z+(\Delta z)^2\}}{1+(1-p)\{z\Delta z+(\Delta z)^2\}} \cdot \frac{g(z)}{\Delta z}$$

$$= \frac{-z\Delta z-(1-p)(\Delta z)^2}{1+(1-p)\{z\Delta z+(\Delta z)^2\}} \cdot \frac{g(z)}{\Delta z}$$

結局

$$\frac{g(z+\Delta z)-g(z)}{\Delta z} = \frac{-z-(1-p)\Delta z}{1+(1-p)\{z\Delta z+(\Delta z)^2\}} g(z) \tag{4.29}$$

が得られた．(4.29)の両辺で $\Delta z \to 0$ の極限をとると，

$$\frac{dg(z)}{dz} = -zg(z)$$

すなわち

$$\frac{d}{dz}\log g(z) = -z$$

となる．積分すると

4 主な分布

$$\log g(z) = -\frac{1}{2}z^2 + C' \quad (C' は積分定数)$$

となり

$$g(z) = Ce^{-z^2/2} \quad (C は積分定数) \tag{4.30}$$

と書けることになる.

積分定数 C を求めるには確率密度の積分が 1 であるという性質 (3.10) を使えばよい.

$$1 = \int_{-\infty}^{\infty} g(z)dz = C\int_{-\infty}^{\infty} e^{-z^2/2}dz = C\sqrt{2\pi}$$

から, $C=1/\sqrt{2\pi}$ となる. すなわち, $g(z)$ の形が (4.22) になることが示された.

以上をまとめると,

> 2 項分布 $Bin(n,p)$ に対して, (4.21) で Z を定義したとき, n を大きくしていくと, Z の分布は (4.22) の標準正規分布 $N(0,1)$ に近づく.

という中心極限定理が証明できたことになる.

中心極限定理 中心極限定理は, 2 項分布だけでなく, もっと一般的な分布に対しても成り立つ強力な定理である. そのために, 正規分布は実際的な統計処理を行なうさいに, 非常によく顔を出すのである. 実用的に重要な中心極限定理の 1 つの形として, 次の命題がある.

> 確率変数 $X_1, X_2, \cdots, X_n$ がたがいに独立で, 平均 μ, 分散 σ^2 をもつ同一の分布に従っているとする. $X_1, X_2, \cdots, X_n$ の単純平均,
>
> $$\bar{X} = \frac{1}{n}(X_1 + X_2 + \cdots + X_n)$$
>
> に対して
>
> $$Z_n = \frac{\sqrt{n}}{\sigma}(\bar{X} - \mu)$$
>
> とすると, n を大きくしたとき, Z_n の分布は標準正規分布 $N(0,1)$ に近づく.

4-3 中心極限定理と正規分布

中心極限定理が成り立たない分布もあるが，この定理が成り立つ条件は本書の程度を越えるので述べないことにする．

正規分布 正規分布は，図 4-7 に例を示すような連続分布であるから，確率変数がある範囲に存在する確率を求めるためには，積分計算をしなければならない．

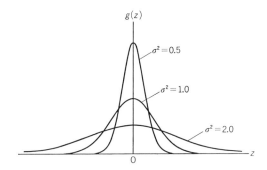

図 4-7 正規分布 $N(0, \sigma^2)$ のグラフ
σ^2 が大きいほど，グラフはなだらかになる．

たとえば，標準正規分布 $N(0,1)$ に従う確率変数 Z が $0.5 < Z < 1$ の間にある確率は

$$P = \int_{0.5}^{1} g(z)dz = \int_{0.5}^{1} \frac{1}{\sqrt{2\pi}} e^{-z^2/2} dz$$

となる．この積分の値は初等的な方法では求まらないので，普通は正規分布の表を用意する．コンピュータで計算するときは，ライブラリーに入っているからそれを使えばよい．この本では附録に表を掲げた．表 2 の $\phi(z)$ は

$$\phi(z) = \int_{z}^{\infty} \frac{1}{\sqrt{2\pi}} e^{-x^2/2} dx$$

の値を示している．すなわち，確率変数 Z が z より大きな値をとる確率が $\phi(z)$ である．

$$\int_{0.5}^{1} g(z)dz = \int_{0.5}^{\infty} g(z)dz - \int_{1}^{\infty} g(z)dz$$

であるから

$$P = \phi(0.5) - \phi(1) = 0.3085 - 0.1587 = 0.1498$$

と計算できる.

確率変数 Y が (4.23) の正規分布 $N(\mu, \sigma^2)$ に従っているときは,

$$Z = \frac{Y-\mu}{\sigma} \qquad (4.31)$$

の変換を行なえばよい. すると, Z は $N(0,1)$ に従うことになり, 表の値が使えるのである. (4.31) を**標準化変換**という.

ここで, 正規分布 $N(\mu, \sigma^2)$ について実用上よく使われる確率を計算しておこう. 確率変数 Y が, $\mu-\sigma<Y<\mu+\sigma$ となる確率を求めるためには, (4.31) から $-1<Z<1$ となる確率を計算すればよい.

$$P = \int_{-1}^{\infty} g(z)dz - \int_{1}^{\infty} g(z)dz = \phi(-1) - \phi(1)$$

である. ところが表には z が負のときの $\phi(z)$ の値はない. しかし, $g(z)$ は $z=0$ について対称であることに気づくと, 図 4-8 の説明より,

$$\phi(-1) = 1 - \phi(1)$$

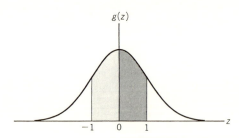

図 4-8 分布は対称であり, 左右の陰影部の面積は等しい. また $z=-1$ より右側の面積 $\phi(-1)$ は, 全体の面積 ($=1$) から $z=1$ より右側の面積 $\phi(1)$ を引いたものと同じである.

となる. 結局

$$P = 1 - 2\phi(1) = 1 - 2 \times 0.1587 = 0.6826$$

である. 同様に, $\mu-2\sigma<Y<\mu+2\sigma$ となる確率は

$$P = 1 - 2\phi(2) = 1 - 2 \times 0.0228 = 0.9544$$

$\mu-3\sigma<Y<\mu+3\sigma$ となる確率は

$$P = 1-2\phi(3) = 1-2\times 0.00135 = 0.9973$$

である.つまり,正規分布 $N(\mu,\sigma^2)$ は平均 μ,分散 σ^2 によらない次の性質をもっていることになる.

「一般に平均 μ のまわりに片側 σ の幅をとると,その中に確率変数は 70% 近く存在する.また 2σ の幅をとると,その中には 95% 以上存在する.さらに 3σ の幅をとると,その中には 99.7% 以上存在する(図 4-9).」

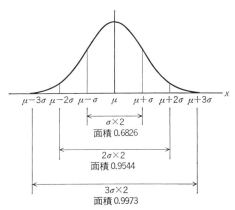

図 4-9 正規分布 $N(\mu,\sigma^2)$ の性質
$\mu-n\sigma<X<\mu+n\sigma\ (n=1,2,3)$ となる確率は,図の面積の値である.

例題 4.2 ある大学の入学試験の結果は,1000 点満点で平均が 600 点,標準偏差が 100 点であった.試験の点は正規分布に従っているとして,

(1) 800 点以上は何 % か.
(2) 580 点以下は何 % か.
(3) 600 点~700 点は何 % か.

[解] 試験の点を X とすると,$Z=\dfrac{X-600}{100}$ は $N(0,1)$ に従う.
(1)は,$Z\geqq\dfrac{800-600}{100}=2$ の確率を求めればよい.

$$\int_2^\infty g(z)dz = \phi(2)$$

であるから,正規分布表より $\phi(2)=0.0228=2.28\%$.

(2)は,$Z\leqq\dfrac{580-600}{100}=-0.2$ の確率を求めればよい.図 4-8 の説明から

$$\int_{-\infty}^{-0.2} g(z)dz = \int_{0.2}^{\infty} g(z)dz = \phi(0.2)$$

である．正規分布表より $\phi(0.2)=0.4207=42.07\%$．

(3)は，$\dfrac{600-600}{100} \leqq Z \leqq \dfrac{700-600}{100}$，すなわち，$0 \leqq Z \leqq 1$ の確率を求めればよい．これは $\phi(0)-\phi(1)=0.5000-0.1587=0.3413=34.13\%$ と計算できる．

例題 4.3 まともなサイコロを 100 回投げたとき，45〜55 回偶数目のでる確率を求めよ．

[解] 偶数目のでる回数を X とすると，X が起こる確率は $1/2$ であるから，X は 2 項分布 $Bin(100, 1/2)$ に従う．確率密度は (4.1) から

$$f(x) = {}_{100}C_x\left(\dfrac{1}{2}\right)^x\left(\dfrac{1}{2}\right)^{100-x} = \dfrac{100!}{x!(100-x)!}\left(\dfrac{1}{2}\right)^{100}$$

である．

$$f(45)+f(46)+\cdots+f(55) \qquad (*)$$

を求めればよいが，計算はたいへんである．しかし，中心極限定理を使えば省力化がはかれる．

平均 μ，標準偏差 σ は (4.5), (4.10) より

$$\mu = 100 \times \dfrac{1}{2} = 50, \quad \sigma = \sqrt{100 \times \dfrac{1}{2} \times \dfrac{1}{2}} = 5$$

であるから，中心極限定理により，

$$Z = \dfrac{1}{\sigma}(X-\mu) = \dfrac{1}{5}(X-50)$$

は近似的に標準正規分布 $N(0,1)$ に従う．$X=45$ のとき $Z=-1$，$X=55$ のとき $Z=1$ だから，本節の前の結果を使って，

$$P = \int_{-1}^{1} g(z)dz = \phi(-1)-\phi(1) = 0.6826$$

[答] 68.3%

ちなみに (*) をまじめに計算した結果は 72.9% であり，数 % の誤差がある．もし (*) で $f(45)$ を無視すると 68.0%，$f(45)$ と $f(55)$ を無視すると 63.2% となる．正規分布による近似解を求めるとき，もともと離散的な分布の $n\to\infty$ の

極限として連続分布がでてきたのであるから,端を無視するかしないかによる誤差はあって当然である. $n=100$ 程度では端の影響が 5% くらいと大きく,解を 68.26% と細かく書いても無意味なのである.

多次元正規分布 正規分布を多変数の場合へ拡張したものが**多次元正規分布**である.代表的な例として,統計力学で出てくるマクスウェル (Maxwell) 分布がある.

絶対温度 T の平衡状態にある気体分子の x, y, z 方向の速度成分 U, V, W を確率変数とする.分子 1 個の質量を m,ボルツマン定数を k とすると,速度分布の確率密度 $f(u, v, w)$ は

$$f(u, v, w) = \left(\frac{m}{2\pi kT}\right)^{3/2} \exp\left[-\frac{m}{2kT}(u^2+v^2+w^2)\right] \quad (4.32)$$

で与えられる. (4.32)は

$$f(u, v, w) = \frac{1}{\sqrt{2\pi}\sqrt{kT/m}} \exp\left[-\frac{u^2}{2kT/m}\right] \cdot \frac{1}{\sqrt{2\pi}\sqrt{kT/m}} \exp\left[-\frac{v^2}{2kT/m}\right] \cdot$$

$$\frac{1}{\sqrt{2\pi}\sqrt{kT/m}} \exp\left[-\frac{w^2}{2kT/m}\right]$$

の積の形に書けるから, U, V, W は互いに独立であり,それぞれ正規分布 $N(0, kT/m)$ に従っていることがわかる.各方向の速度成分の間には相関関係がないのである.

相関がある場合の 2 次元正規分布は, X, Y を確率変数として,

$$\begin{aligned} f(x, y) &= \frac{1}{2\pi\sigma_x\sigma_y\sqrt{1-\rho_{xy}^2}} \exp\left[-\frac{1}{2(1-\rho_{xy}^2)}\left\{\left(\frac{x-\mu_x}{\sigma_x}\right)^2\right.\right. \\ &\left.\left. -2\rho_{xy}\frac{x-\mu_x}{\sigma_x}\frac{y-\mu_y}{\sigma_y} + \left(\frac{y-\mu_y}{\sigma_y}\right)^2\right\}\right] \end{aligned} \quad (4.33)$$

の確率密度で与えられる. (4.33)で μ_x, σ_x^2 は Y に無関係な X の平均と分散, μ_y, σ_y^2 は X に無関係な Y の平均と分散であり,また, ρ_{xy} は X と Y の相関係数である. 2 次元正規分布は, $\mu_x=\mu_y=0$ のとき,図 4-10 のような丸い山の形をしている.

[例 1] (4.33)から X についての周辺分布を計算する.

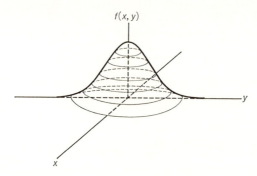

図 4-10　2次元正規分布の概形 ($\mu_x=\mu_y=0$ のとき)

$$f_1(x) = \int_{-\infty}^{\infty} dy f(x, y)$$
$$= \int_{-\infty}^{\infty} dy \frac{1}{2\pi\sigma_x\sigma_y\sqrt{1-\rho_{xy}^2}} \cdot$$
$$\exp\left[-\frac{1}{2(1-\rho_{xy}^2)}\left\{(1-\rho_{xy}^2)\left(\frac{x-\mu_x}{\sigma_x}\right)^2 + \left(\frac{y-\mu_y}{\sigma_y} - \rho_{xy}\frac{x-\mu_x}{\sigma_x}\right)^2\right\}\right]$$
$$= \frac{1}{2\pi\sigma_x\sigma_y\sqrt{1-\rho_{xy}^2}} \exp\left[-\frac{1}{2}\left(\frac{x-\mu_x}{\sigma_x}\right)^2\right] \int_{-\infty}^{\infty} dy \cdot$$
$$\exp\left[-\frac{1}{2(1-\rho_{xy}^2)}\left(\frac{y-\mu_y}{\sigma_y} - \rho_{xy}\frac{x-\mu_x}{\sigma_x}\right)^2\right]$$

y についての積分で,

$$t = \frac{1}{\sqrt{1-\rho_{xy}^2}}\left(\frac{y-\mu_y}{\sigma_y} - \rho_{xy}\frac{x-\mu_x}{\sigma_x}\right)$$

と置換すると,

$$f_1(x) = \frac{1}{2\pi\sigma_x\sigma_y\sqrt{1-\rho_{xy}^2}} \exp\left[-\frac{1}{2}\left(\frac{x-\mu_x}{\sigma_x}\right)^2\right] \int_{-\infty}^{\infty} dt \sigma_y\sqrt{1-\rho_{xy}^2}\, e^{-t^2/2}$$
$$= \frac{1}{\sqrt{2\pi}\,\sigma_x} \exp\left[-\frac{1}{2}\left(\frac{x-\mu_x}{\sigma_x}\right)^2\right] \int_{-\infty}^{\infty} dt \frac{1}{\sqrt{2\pi}} e^{-t^2/2}$$
$$= \frac{1}{\sqrt{2\pi}\,\sigma_x} \exp\left[-\frac{1}{2}\left(\frac{x-\mu_x}{\sigma_x}\right)^2\right] \tag{4.34}$$

が得られる. すなわち, X についての周辺分布 $f_1(x)$ は, 正規分布 $N(\mu_x, \sigma_x^2)$ になるのである. 同じような計算から, Y についての周辺分布 $f_2(y)$ も, 正規

分布 $N(\mu_y, \sigma_y^2)$ になることがわかる.∎

$\rho_{xy}=0$ のとき, $f(x,y)=f_1(x)f_2(y)$ となり, マクスウェル分布と同様に, X, Y は互いに独立になる.

[例 2] 2次元正規分布(4.33)の Y に無関係な X の平均が μ_x となることを確かめる.

周辺分布の計算と同様にして,

$$E[X] = \int_{-\infty}^{\infty} dx \int_{-\infty}^{\infty} dy\, x f(x,y)$$

$$= \frac{1}{2\pi\sigma_x\sigma_y\sqrt{1-\rho_{xy}^2}} \int_{-\infty}^{\infty} dx\, x \exp\left[-\frac{1}{2}\left(\frac{x-\mu_x}{\sigma_x}\right)^2\right] \int_{-\infty}^{\infty} dy \cdot$$

$$\exp\left[-\frac{1}{2(1-\rho_{xy}^2)}\left(\frac{y-\mu_y}{\sigma_y} - \rho_{xy}\frac{x-\mu_x}{\sigma_x}\right)^2\right]$$

$$= \int_{-\infty}^{\infty} dx \frac{1}{\sqrt{2\pi}\sigma_x} x \exp\left[-\frac{1}{2}\left(\frac{x-\mu_x}{\sigma_x}\right)^2\right] \int_{-\infty}^{\infty} dt \frac{1}{\sqrt{2\pi}} e^{-t^2/2}$$

$$= \int_{-\infty}^{\infty} dx \frac{1}{\sqrt{2\pi}\sigma_x} x \exp\left[-\frac{1}{2}\left(\frac{x-\mu_x}{\sigma_x}\right)^2\right] \underset{\text{例1より}}{=} \mu_x \quad \blacksquare$$

############################ 問 題 4-3 ############################

1. 1 kg 入りと書いてあるジャムのびん詰 500 個について内容量をはかったところ, 平均が 980 g, 標準偏差が 25 g であった. 内容量は正規分布に従うとして, 1 kg 以上入っているびん詰は約何個であると考えられるか.

2. まともなサイコロを 200 回投げて, 1 の目が 20 回以下しかでない確率を求めよ.

3. 2次元正規分布の確率密度が,

$$f(x,y) = \frac{1}{480\pi} \exp\left[-\frac{x^2}{128} + \frac{xy}{320} - \frac{y^2}{1152}\right]$$

であった. 相関係数 ρ_{xy} はいくらか.

第4章 演習問題

[1] ある忘年会では入口で幹事が4000円の会費を徴収する．出席者の40％は千円札で支払い，残りは一万円札で支払うとする．最初にきた5人1組に対して，幹事がつり銭を用意しておく必要のない確率はいくらか．ただし，千円札，一万円札以外で支払う人はいないと仮定する．

[2] ある品物500個が入っている箱がたくさんあり，どれも100個ずつ不良品を含んでいる．1箱から5個とり出して，不良品が1個以下ならその箱を買い，2個以上なら買うことをやめにする．3箱調べて3箱とも買う確率はいくらか．

[3] ある市の1日の平均交通事故件数は1.5件である．この市で1日4件以上の交通事故が起こるのは約何日に1度か．

[4] ポアソン分布では $\sigma^2 = \mu$ となることを(4.14)から直接証明せよ．

[5] 52枚のトランプをよく切って，1枚とり出しては戻すという試行をする．6回試行したとき，ハートの札を1枚，ダイヤの札を2枚，他の札を3枚とる確率はいくらか．

[6] 第2章演習問題[2]で，2個すっぱいラムネにあたる確率を求めよ．

[7] ある池でとれる魚の大きさは平均22 cm，標準偏差9.2 cmの正規分布に従っているという．いま，この池で魚を1匹釣ったとき，その大きさが35 cmを越えている確率を求めよ．

[8] 確率変数 X が $N(\mu, \sigma^2)$ の正規分布に従うとき，$P(|X-\mu|>c\sigma)=0.01$ となる定数 c を求めよ．

[9] まともな硬貨を n 回投げて表が m 回でるとする．$0.4<m/n<0.6$ となる確率を99％以上にするには，何回以上投げればよいか，正規分布の近似を用いて求めよ．

偏差値

この本の読者の大多数にとって,偏差値はおなじみの言葉であるだろう.受験時代,試験のたびにその値に一喜一憂し,大学を決定する際に志望より偏差値を判断材料にした人もいるに違いない.

偏差値とは名のとおり,標準偏差と関係している.受験者全員の点の平均と標準偏差に対して,ある人の点がその平均から標準偏差の a 倍高いと偏差値を $50+10a$,低いと $50-10a$ とする.たとえば,例題 4.2 の場合,720 点なら偏差値は $50+10\times 120/100 = 62$ というわけである.全員の点が正規分布に従っていると考えてよいときには,図 4-9 の説明から偏差値が 40〜60 の人が全体の約 70% おり,偏差値が 80 以上の人は 750 人に 1 人ぐらいいることになる.例題 4.2 の場合,満点の人でも偏差値は 90 である.

何万人もの受験生の点数から算出した偏差値が各人の能力を示す指標になっているといっても,統計的には正しい.しかし,その能力はあくまで受験のテクニックのうまさにしかすぎない.人のもっている能力は多種多様である.もっといろいろな偏差値があってもいいのではないだろうか.

5

標本と統計量の分布

これまでの章で扱ってきた対象は，確率・統計のうちの確率の部分である．ある集まりの中で各事象の起こる確率がわかっているとして，分布や試行の結果を調べてきたのである．本章からは，全体の分布などがわからないときに，その一部分を取り出した結果から全体をおしはかる推測統計について調べていく．この章では，次の章でとりあげる実際上重要な作業を正確に行なうための基礎づけを行なう．

5-1 母集団と標本

母集団 これまでの章では，それぞれの目の出る確率がわかっているサイコロを振るとか，不良品の含まれている割合のわかっている多数のねじから1本とり出すといった試行について，確率的な取り扱いをしてきた．全体のことはわかっていたのである．

ところが，それぞれの目の出る確率がわからないサイコロを1回振ったら1の目が出たとして，このサイコロは1の目がよく出るといえるだろうか．また100回振って50回1の目が出たときはどうか．ねじの抽出の場合には，不良品の含まれている割合のわからないときに，10本取り出したら不良品が3本あったとして，ねじ全体で不良品の含まれている割合が予想できるだろうか．このような問題に対して解答を与えようというのが**推測統計**の大きな目的である．

他の数学と違って，絶対こうであるという結果は出てこない．あくまでも理にかなった推測をしようというのが基本精神である．

サイコロ振りの場合の1回ごとの試行の結果や，ねじの抽出の場合のそれぞれのねじのように，実験や観測を行なう1つ1つの対象を**個体**(individual)といい，考えている個体全部の集合を**母集団**(population)という．特に母集団の中にある個体の数が有限の場合を**有限母集団**，無限の場合を**無限母集団**という．たとえば，ねじの抽出では，1箱の中のねじにかぎって考えると，その個数は有限だから有限母集団である．しかし，ねじを作っている工場での製造工程で，これまで作られてきたもの，また今後作られるであろうものまで含めると無限母集団と考えられる．不良品を1，正常なねじを0というように数値づけると，この母集団は，01000010…のように，2種類の個体を無限個含んでいることになる．

サイコロ振りの場合，原理的には無限回振ることが可能であるから無限母集団である．サイコロの目は1から6まであるので，それぞれの目の数を個体に対応させると，6種類の個体がやはり無限個含まれていることになる．

5-1 母集団と標本

調査と標本 母集団に関する情報をえるために，母集団の個体すべてを調べる場合がある．これを**全数調査**という．母集団が1箱のねじであるときには，1本1本しらみつぶしに調べるというものである．また国勢調査も典型的な例である．全数調査を行なえば，母集団に関する情報は完全にわかる．しかし，1箱のねじのような場合は簡単かもしれないが，国勢調査のように母集団の個体数が多いときは，全数調査を行なうには多大の労力，費用，時間がかかる．さらに，サイコロ振りのような無限母集団の場合には，全数調査は実際上不可能である．

このような場合，母集団から一部の個体を抽出して，部分的な情報から母集団の特性を推測する方法を用いる．これを**標本調査**という．母集団から1つの個体を抽出することを**標本抽出**，とり出した個体の集合を**標本**(sample)，標本に属する個体の総数を**標本の大きさ**という．たとえば，サイコロ振りの場合，1回1回振るのが標本抽出であり，でた目の集合が標本，振った回数が標本の大きさになるわけである．

標本抽出は，その結果から母集団の特性を推測するために行なうのだから，抽出された標本はできるだけ母集団の性質を反映していることが望ましい．そのため，通常できるだけ作為のないように公平に抽出を行なう．これを**無作為抽出**(random sampling)といい，無作為抽出によって取り出された標本を**無作為標本**という．

乱数表 まったく作為なしに標本をとり出すのはそう簡単なことではない．たとえば，有限母集団から標本抽出するには，各個体に番号をつけておいて，その数字のうちの適当なものをでたらめに選べばよい．でたらめに選ぶにはどうすればよいか．サイコロを振って決めようとしても，完全なサイコロは世の中に存在しない．ある人に勝手な数を言ってもらっても，どうしてもその人の意志がはいる．電話帳から選ぼうとしても，電話番号はでたらめそうに見えているが，実は1が多い．そこで，できるだけ理想的にでたらめな数値，**乱数**，を並べた表すなわち乱数表を用意する．附表1にあるのがその一例である．乱数表は，普通，0から9までの数字を同じ確率で独立に取り出したものを並べ

てある.

[例1] 100人の学生から10人を無作為に抽出してみよう．まず学生に00から99までの番号をつける．乱数表の2桁ずつを1つの数字と考えて，表の適当な場所から，順に10個の数字を読みとり，その数字に対応する番号の学生を抽出すればよい．抽出が復元抽出の場合には，同じ数字を読みとったとき，その番号の学生を2度標本として採用すればよい．また，非復元抽出の場合には，重複した数字を無視すればよい．たとえば，乱数表の10行目の最初から数字を選ぶと，

96｜75｜41｜76｜76｜55｜65｜94｜41｜05｜47｜…

となっている．｜｜で囲んだ番号の学生を抽出すればよいが，復元抽出では，76番の学生を2度選んで05番までの9人を採用すればよく，また，非復元抽出では，重複している76番の1つを無視して，47番までの学生を採用すればよい．

世論調査などでは，あらかじめ母集団を，男女別，職業別，年齢別に層に分けておいて，各層からその何%かを抽出することがある．これを**層別抽出**という．層別に抽出した方が，母集団についてのより正確な情報を得ることができる．

──────────────── 問 題 5-1 ────────────────

1. 乱数表を使って，32人の学生から5人無作為に抽出せよ．ただし抽出は非復元的とする．

2. 抽出の有名な失敗例として，1936年のアメリカ大統領選挙がある．ある出版社が当選者を予想するのに，その出版社が出している雑誌を定期購読し，かつ電話を所有している者の中から数百万人を抽出した．その結果から共和党のランドンが大差で勝つと予想したが，実際は民主党のルーズベルトが圧勝した．なぜこのようなことになったのであろうか．

5-2 標本の整理

度数分布 抽出した標本から母集団の特性を推測するためには、標本を整理する必要がある．

まず、ばらばらの標本を、たとえば割り当てた数値の大きさの順に並べる．標本値、すなわちそれぞれの標本がとる数値の範囲を適当にいくつかの区間に分けて、その区間にはいる標本の個数を数える．各区間を**階級**(class)といい、それぞれの区間にはいる標本の個数を**度数**(frequency)という．このようにして得られた階級別の度数の分布を表わした表を**度数分布表**という．

[例1] 附表 1 の乱数表の最初の 100 個の数字を標本にとる．数字そのものを標本値とし、0～9 の各数値をそれぞれ 1 つの階級として度数分布表を作ると次のようになる．

表 5-1 乱数 100 個に対する度数分布表

数字	0	1	2	3	4	5	6	7	8	9	計
度数	9	4	15	11	6	11	15	5	11	13	100

また、この結果を棒グラフで表わしたのが図 5-1 である．このグラフはでこ

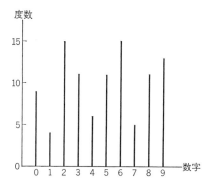

図 5-1 乱数 100 個に対する度数分布の棒グラフ

ぼこしており，この様子から，乱数表の各数値がどのように分布しているかは判断しにくい．しかし，乱数表は0から9までの数字を同じ確率で取り出して並べてあるから，標本の数を多くしていくと一様な分布に近づいていくはずである．

[例2] 次の表5-2はある大学の学生50名についての身長と体重の測定結果である．

表5-2 学生50名の身長と体重の測定結果

番号	身長	体重	番号	身長	体重	番号	身長	体重	番号	身長	体重	番号	身長	体重
1	165	60	11	160	55	21	172	65	31	170	62	41	166	53
2	168	61	12	167	72	22	158	56	32	175	60	42	185	75
3	170	58	13	172	60	23	178	68	33	164	55	43	174	60
4	164	75	14	160	51	24	168	56	34	174	60	44	176	65
5	174	56	15	171	58	25	177	53	35	173	78	45	174	62
6	167	56	16	170	59	26	172	60	36	167	60	46	173	68
7	169	54	17	163	55	27	174	72	37	175	73	47	175	61
8	173	63	18	166	61	28	168	57	38	172	60	48	165	63
9	173	56	19	172	55	29	180	64	39	164	50	49	173	59
10	180	75	20	162	50	30	167	58	40	174	66	50	168	57

単位は身長がcm，体重がkgであり，学生には1から50までの番号をつけている．

身長，体重は連続変数であり，たとえば身長170cmというときには，正確には169.5cm以上170.5cm未満であることを意味している．このような場合には，階級の区間幅を適当にとり，各区間の代表的な数値を階級の**標識**として度数分布表を作る．

たとえば，身長について階級幅を3cmとして，標識はその中間の値をとることにする．各階級を156.5－159.5, 159.5－162.5, 162.5－165.5, …, 183.5－186.5とすると，標識は158, 161, 164, …, 185である．度数分布表は表5-3のようになる．

この例では各階級は幅をもっているから，各階級に柱をたてて度数を表わしたグラフを描くと，図5-2のようになる．このような柱状のグラフを**ヒストグラム**という．

表 5-3 身長の度数分布表

階級	標識	度数	階級	標識	度数
156.5 – 159.5	158	1	171.5 – 174.5	173	16
159.5 – 162.5	161	3	174.5 – 177.5	176	5
162.5 – 165.5	164	6	177.5 – 180.5	179	3
165.5 – 168.5	167	10	180.5 – 183.5	182	0
168.5 – 171.5	170	5	183.5 – 186.5	185	1

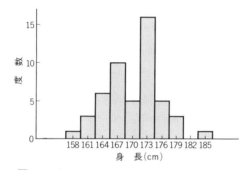

図 5-2 身長の度数分布に対するヒストグラム

標本平均 度数分布のグラフから標本の分布のようすは大まかにわかる．しかし実際的な統計処理を行なうには，分布を量的に示した数値が必要となる．そのために考えるのが標本平均と標本分散である．

標本の大きさが n で，標本の1つ1つの値が $x_1, x_2, \cdots, x_n$ であるとき，

$$\bar{x} = \frac{1}{n}\sum_{i=1}^{n} x_i = \frac{1}{n}(x_1 + x_2 + \cdots + x_n) \tag{5.1}$$

を**標本平均**という．この標本平均は標本の中心的な値を示す量である．3-2節で定義した平均 μ は，全体の分布がわかっているとして，その確率密度にもとづいて計算した平均である．それに対して，標本平均 $\bar{x}$ は，全体のことはわからないまま，その中から抽出した標本について，単に算術平均をとったものである．

例1の乱数の場合，標本の大きさは100で，標本の値は0が9個，1が4個，

…，9 が 13 個あるから，標本平均は，

$$\bar{x} = \frac{1}{100} \times (0 \times 9 + 1 \times 4 + \cdots + 9 \times 13) = 4.76$$

となる．

例 2 の身長の場合は，表 5-3 で得られた度数分布から標本平均を計算する．このとき，各階級の標識の値を標本値と考えて，

$$\bar{x} = \frac{1}{50} \times (158 \times 1 + 161 \times 3 + \cdots + 185 \times 1) = 170.3$$

となる．このような計算をするときには，仮の平均を決めておいて，それからのずれだけを求めれば便利である．たとえば図 5-2 から 170 cm を仮の平均としておくと，$158 = 170 + (-12)$，$161 = 170 + (-9)$，… であるから，

$$\bar{x} = 170 + \frac{1}{50} \times \{(-12) \times 1 + (-9) \times 3 + \cdots + 15 \times 1\}$$

と大きな数字を扱わずにすむわけである．もちろん，結果は同じになる．

表 5-2 の全員の測定値を標本と考えた場合に，標本平均を計算すると，

$$\bar{x} = 170 + \frac{1}{50} \{(-5) + (-2) + 0 + \cdots + (-2)\} = 170.34$$

となる．階級にわけた度数分布から計算した標本平均の値が，全員の測定値についてくわしく計算したものから，それほどずれていないことに注意しよう．

標本の中心的な値を示すものとして，標本平均ではなく，**中央値**(median)を使うこともある．中央値は，標本のちょうど中央にある値であり，標本の値を大きさの順に並べたとき，標本の大きさが奇数なら，ちょうど真中の値，偶数なら，真中の 2 つの数の平均(単純平均)をとる．

たとえば，例 1 の乱数の場合

$$\overbrace{0 \cdots 0}^{9 個} \ \overbrace{1 \cdots 1}^{4 個} \ \overbrace{2 \cdots 2}^{15 個} \ \overbrace{3 \cdots 3}^{11 個} \ \overbrace{4 \cdots 4}^{6 個} \ \overbrace{5 \cdots 5}^{11 個} \ \cdots$$

と並べて，50 番目と 51 番目の数の平均であるから $(5+5)/2 = 5$ である．

中央値は理論的にはあまり意味がないが，求めるのが簡単であり，標本の中にきわめてかけはなれた少数の値があるとき，その影響をほとんど受けないと

いう利点をもっている.

[例3] ある5人の貯蓄高を調べたところ,

1億5000万円, 650万円, 480万円, 390万円, 180万円

であった. 標本平均を計算すると3340万円となる. 一方, 中央値は480万円である. 標本平均だけをみると, いかにも多くの貯蓄を皆がしているように考えられる. しかし実状はそうではない. 中央値の方が庶民の現実の姿をよく表わしているのである.

中央値と同じく理論的にあまり意味はないが, 標本の分布を特徴づけるものとして, **最頻度**(モード, mode)がある. これは, 度数分布表で度数の最も大きい階級の標識の値で定義する. たとえば, 表5-3の身長の度数分布では, その値は173 cm である.

標本分散 標本のばらつきを示す量として, 標本分散を定義する. 標本の大きさが n で, 標本の値が $x_1, x_2, \cdots, x_n$ のとき,

$$s^2 = \frac{1}{n}\sum_{i=1}^{n}(x_i-\bar{x})^2 = \frac{1}{n}\{(x_1-\bar{x})^2+(x_2-\bar{x})^2+\cdots+(x_n-\bar{x})^2\}$$

(5.2)

を**標本分散**という. これは, 各標本値と標本平均との差を考え, その2乗の算術平均をとったものである. また, 標本分散の平方根 s を**標本標準偏差**という. s の値が大きいほど, 標本のばらつきは大きい. 平均の場合と同様に, 3-2節で定義した分散 σ^2 は, 全体の分布がわかっているとして計算したものであるのに対して, 標本分散 s^2 は, 全体から抽出したいくつかの標本について計算したものである.

例3の貯蓄高では, $\bar{x}=3340$ (万円)であった. 標本分散を計算すると,

$$s^2 = \frac{1}{5}\{(15000-3340)^2+(650-3340)^2+\cdots+(180-3340)^2\} \doteqdot 5832^2$$

となる. 標本標準偏差は約5832万円であり, 1人のかけはなれた値のために, ばらつきが非常に大きくなっていることがわかる.

5 標本と統計量の分布

━━━━━━━━━━━━━━━━━ 問題 5-2 ━━━━━━━━━━━━━━━━━

1. 表 5-2 の体重の測定結果について，
  (1) 各階級を 49.5-52.5, 52.5-55.5, …, 76.5-79.5 の 3 kg ごととし，標識は各階級の中間の値をとることにして，度数分布表およびそのヒストグラムを作れ．
  (2) 度数分布表から，標本平均を計算せよ．
  (3) 最頻度はいくらか．
2. ある映画館の 7 日間の入場者数は次のようであった．
      710 人，260 人，620 人，590 人，730 人，1090 人，810 人
平均，分散を求めよ．また，中央値はいくらか．

━━

5-3 統計量の性質

母集団の分布　ここで，母集団自身の統計的性質を考えることにする．たとえば，不良品が 20 本含まれているねじ 100 本を母集団としよう．不良品に 1，正常なねじに 0 と数値付けして，

$$p_1 = \frac{20}{100} = 0.2, \quad p_2 = \frac{80}{100} = 0.8$$

で p_1, p_2 を定義すると，母集団は 1 と 0 の数値を p_1, p_2 の割合でもっていることになる．この数値 0, 1 を確率変数 X と考えれば，母集団は

$$P(X=1) = p_1, \quad P(X=0) = p_2$$

の分布に従っていることになる．または，

$$f(x) = \begin{cases} p_1 & (x=1 \text{ のとき}) \\ p_2 & (x=0 \text{ のとき}) \\ 0 & (\text{その他の } x) \end{cases}$$

の確率密度で分布が完全に決まっているといえる．
　一般に，n 個の個体からなる有限母集団で，$n_1, n_2, \cdots, n_m$ 個の個体がそれぞれ $a_1, a_2, \cdots, a_m$ の数値をとるとき，

$$p_i = \frac{n_i}{n} \quad (i=1,2,\cdots,m) \tag{5.3}$$

でp_iを定義し，おのおのの数値を確率変数と考えれば，Xは

$$f(x) = \begin{cases} p_i & (x=a_i) \\ 0 & (その他の x) \end{cases}$$

の確率分布に従う．この分布を**母集団分布**という．

無限母集団の場合にも，個体のとりうる数値が離散的なときには，(5.3)で$n \to \infty$とした極限値としてp_iを定めれば分布が決まる．また，個体のとりうる数値が連続的な場合でも，測定を無限回行なった極限での確率密度$f(x)$で分布が決まる．ただし，実際には測定を無限回行なうことは不可能であるから，あくまで近似的にしか母集団の分布はわからないことを指摘しておく．

結局，母集団分布に対しては，3-1節で定義した確率密度をそのままもってくればよい．また，分布の特性値である平均，分散についても，3-2節のμ, σ^2の定義を使えばよい．

母集団の分布の特性値は，標本のものと区別するために，μを**母平均**，σ^2を**母分散**という．σは**母標準偏差**である．また，母集団の中である性質をもっている個体の割合を**母比率**という．これらを総称して**母数**という．さらに，母集団の従っている分布が第4章で挙げたような特定のものであるとき，母集団の前にその名をつける．たとえば正規分布に従っているなら，**正規母集団**である．

[**例1**] 不良品が20本含まれているねじ100本を母集団とする．不良品に1，正常なねじに0と数値付け，この数値を確率変数と考えたとき，母平均は(3.14)より，

$$\mu = 1 \times 0.2 + 0 \times 0.8 = 0.2$$

である．母分散は(3.23)より，

$$\sigma^2 = \{1-0.2\}^2 \times 0.2 + \{0-0.2\}^2 \times 0.8 = 0.16$$

また，母集団の中の不良品の割合を母比率pとすると

$$p = \frac{20}{100} = 0.2$$

である.

母集団の分布には第3章の結果をそのまま適用すればよいといったが,考え方には大きな差があることに注意しよう.第3章の確率変数は標本空間の根元事象に数値を対応させたものであり,本章でいう確率変数は母集団の中の各個体に数値を対応させたものである.たとえば,サイコロ振りの場合,前者では標本空間は$1, 2, \cdots, 6$の数値に対応する6個の根元事象しか含まないのに対して,後者の母集団は無限回の測定結果である無限個の個体を含んでいる.そして,標本空間では各根元事象の起こる確率を先験的に与えて確率変数の分布を決めているのに対して,母集団における確率変数の分布はすべての標本を抽出して,すなわち,全数調査をしてはじめて決まるものなのである.

以下では,抽出した標本から得られたデータをもとにして,母集団の分布の特性値すなわち母数を推測するのに必要な知識を順をおって説明していくことにする.

標本の分布 標本値から母集団の分布をおしはかるために,標本の分布と母集団の分布の関係を調べておく必要がある.

母集団から1つの標本xを抽出するのは,母集団分布に従う確率変数Xがxという値をとることに相当している.だから,大きさnの標本$x_1, x_2, \cdots, x_n$を抽出するのは,同じ母集団分布に従うn個の確率変数$X_1, X_2, \cdots, X_n$が,

$$X_1 = x_1, \ X_2 = x_2, \ \cdots, \ X_n = x_n$$

の値をとったことになる.この$X_1, X_2, \cdots, X_n$を**標本確率変数**という.もし抽出が無作為なら,n個の確率変数は互いに独立である.ただし有限母集団で非復元抽出を行なうときは独立でなくなることもある.

たとえば,サイコロを考えると,母集団の分布は$1, 2, \cdots, 6$の目の出る割合によって決まっている.無作為に大きさ3の標本を抽出するとしよう.これはサイコロを3回振ることであり,それぞれ出た目が標本確率変数X_1, X_2, X_3のとる値になるのである.この場合X_1, X_2, X_3は独立である.

大きさnの標本を1度抽出すると,標本平均$\bar{x}$,標本分散s^2が(5.1), (5.2)のように計算できる.これも標本確率変数$X_1, X_2, \cdots, X_n$について

$$\bar{X} = \frac{1}{n}(X_1+X_2+\cdots+X_n) \tag{5.4}$$

$$S^2 = \frac{1}{n}\{(X_1-\bar{X})^2+(X_2-\bar{X})^2+\cdots+(X_n-\bar{X})^2\} \tag{5.5}$$

が $\bar{x}$, s^2 という値をとったといえる.標本抽出を2度,3度とくりかえせば,抽出ごとに $\bar{X}$ や S^2 のような標本確率変数についての値が得られる.これらを**統計量**という.そして,統計量の従う分布が**標本分布**である.正確には,$\bar{X}$, S^2 はそれぞれ標本確率変数の平均,分散であるが,簡単に**標本平均**,**標本分散**という.

標本分布はどのように求められるであろうか.たとえば,標本平均の分布を知るには,大きさ n の標本をとって $\bar{x}$ を計算するという操作をできるだけ多数回行なうことが必要である.その結果できた $\bar{X}$ の分布が標本平均の分布である.そして,その分布から決まる平均,分散はそれぞれ「標本平均の」期待値と分散になる.

[例2] 例1の不良品が20本含まれているねじ100本の母集団から,2本のねじを抽出する場合を考える.(5.1)を用いて標本平均を計算すると,1度の抽出で不良品が1本も含まれていなければ,$\bar{x}=(0+0)/2=0$,1本含まれていれば,$\bar{x}=(1+0)/2=1/2$,2本含まれておれば,$\bar{x}=(1+1)/2=1$ となる.結局,2本抽出しては戻すという操作を何回も行なえば,たとえば,$\bar{x}=0,0,1/2,0,1,1/2,0,\cdots$ のような値が実現する.これらの値から平均と分散を求めれば,それらが標本平均の期待値と分散になるわけである.∎

標本平均の期待値と分散 標本平均の分布から決まる期待値,分散は母平均,母分散と関係づけることができる.

標本の大きさが1のとき,(5.4)の $\bar{X}$ は X そのものである.すなわち,標本平均の分布は母集団の分布と同じであり,標本平均の期待値,分散は母集団の平均 μ,分散 σ^2 と一致する.期待値を E で表わすと(3-3節参照),

$$E[X] = \mu \tag{5.6}$$

$$E[(X-\mu)^2] = \sigma^2 \tag{5.7}$$

である.

[例3] やはり例1のねじ100本を母集団としたとき,1本抽出するとそれが不良品である確率は 0.2 であり,正常なねじである確率は 0.8 である.何回も抽出したときの期待値は (3.14) を用いて,分散は (3.23) を用いて,計算できる.例1の結果から,

$$E[X] = 0.2, \quad E[(X-\mu)^2] = 0.16$$

である.

標本の大きさが n のとき,(3.36) から,

$$E[\bar{X}] = E\left[\frac{1}{n}(X_1+X_2+\cdots+X_n)\right] = \frac{1}{n}\{E[X_1]+E[X_2]+\cdots+E[X_n]\}$$

$$= \frac{1}{n}\underbrace{(\mu+\mu+\cdots+\mu)}_{n 個} = \mu \tag{5.8}$$

となる.すなわち,<u>標本平均の期待値は母平均に等しい</u>.

また,$X_1, X_2, \cdots, X_n$ が独立であるとき,

$$E[(\bar{X}-\mu)^2] = E\left[\left\{\frac{1}{n}(X_1+X_2+\cdots+X_n-n\mu)\right\}^2\right]$$

$$= \frac{1}{n^2} E[\{(X_1-\mu)+(X_2-\mu)+\cdots+(X_n-\mu)\}^2]$$

$$= \frac{1}{n^2}\{E[(X_1-\mu)^2]+E[(X_2-\mu)^2]+\cdots+E[(X_n-\mu)^2]\}$$

$$= \frac{1}{n^2}\underbrace{(\sigma^2+\sigma^2+\cdots+\sigma^2)}_{n 個} = \frac{\sigma^2}{n} \tag{5.9}$$

である.すなわち,<u>標本平均の分散は母分散を標本の大きさで割ったものに等しい</u>.結局,図 5-3 のように,母集団分布に対して標本の大きさが n の標本平均の分布は,平均が同じで幅が $1/\sqrt{n}$ であるようなものになる.(5.9) を導くとき,$X_1, X_2, \cdots, X_n$ の独立性を仮定しているので,例2のように,ねじを2本抽出する場合には,2本目の抽出が1本目の抽出と独立とはならず,(5.9) の結果はそのままでは適用できないことを注意しておく.

例題 5.1 1 から 6 の目のでる確率がそれぞれ 1/6 である理想的なサイコロ

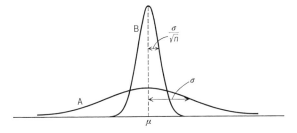

図 5-3 標本平均の分布
母集団の分布 A に対して, n 個抽出したときの標本平均の分布は B のようになる.

を母集団と考え, でた目を標本の値とする. 大きさ 5 の標本を抽出する, すなわち 5 回振るという操作を何度も繰り返すとき, その標本平均の期待値と分散を求めよ.

[解] 母平均は $\mu=(1+2+\cdots+6)/6=3.5$, 母分散は $\sigma^2=\{(1-3.5)^2+(2-3.5)^2+\cdots+(6-3.5)^2\}/6 \doteqdot 2.92$ である. (5.8), (5.9) を用いて,

$$E[\overline{X}] = \mu = 3.5, \quad E[(\overline{X}-\mu)^2] = \sigma^2/n = 2.92/5 \doteqdot 0.58 \quad \blacksquare$$

(5.9) で $n\to\infty$ の極限をとると標本平均の分散は 0 になることがわかる. これは, 母集団の個体全部を抽出して標本平均をとると, $\overline{X}$ が μ そのものになってしまうことを意味している.

標本分散の期待値 $X_1, X_2, \cdots, X_n$ が独立であるとき, 標本分散 S^2 の期待値も母分散で表わすことができる.

(5.5) の S^2 を書き直すと,

$$S^2 = \frac{1}{n}\{(X_1-\overline{X})^2+(X_2-\overline{X})^2+\cdots+(X_n-\overline{X})^2\}$$

$$= \frac{1}{n}[\{(X_1-\mu)-(\overline{X}-\mu)\}^2+\{(X_2-\mu)-(\overline{X}-\mu)\}^2$$

$$+\cdots+\{(X_n-\mu)-(\overline{X}-\mu)\}^2]$$

$$= \frac{1}{n}\{(X_1-\mu)^2+(X_2-\mu)^2+\cdots+(X_n-\mu)^2\}$$

$$-2\left\{\frac{1}{n}(X_1+X_2+\cdots+X_n)-\mu\right\}(\overline{X}-\mu)+(\overline{X}-\mu)^2$$

5 標本と統計量の分布

$$= \frac{1}{n}\{(X_1-\mu)^2+(X_2-\mu)^2+\cdots+(X_n-\mu)^2\}-(\bar{X}-\mu)^2 \quad (5.10)$$

したがって

$$E[S^2] = \frac{1}{n}\{E[(X_1-\mu)^2]+E[(X_2-\mu)^2]$$
$$+\cdots+E[(X_n-\mu)^2]\}-E[(\bar{X}-\mu)^2] \quad (5.11)$$

(5.7), (5.9) を用いると,

$$E[S^2] = \frac{1}{n}(\underbrace{\sigma^2+\sigma^2+\cdots+\sigma^2}_{n\text{個}})-\frac{\sigma^2}{n}$$

$$= \sigma^2-\frac{\sigma^2}{n} \quad (5.12)$$

あるいは

$$E[S^2] = \frac{n-1}{n}\sigma^2 \quad (5.13)$$

となる.すなわち,<u>標本分散の期待値は母分散 σ^2 の $(n-1)/n$ 倍に等しい</u>.標本平均の期待値と違って,母分散そのものにはならないことに注意しよう.特に $n=1$ のときは $X_1=\bar{X}$ であり,標本分散の期待値は

$$E[(X_1-\bar{X})^2] = E[0] = 0$$

となる.母集団から大きさ1の標本を抽出するときには,標本の値そのものが標本平均であり,標本分散はいつも0となっているからである.

[例 4] $N(1.0, 2.5)$ に従う正規母集団から,大きさ 10 の標本を抽出したとき,標本平均の期待値は(5.8)より 1.0,標本平均の分散は(5.9)より $2.5/10=0.25$ である.また,標本分散の期待値は(5.13)より $(10-1)/10\times2.5=2.25$ である. ▮

──────────────── **問 題 5-3** ────────────────

1. あるサイコロを 10 回振っては目の数の平均をとるという操作を何回も繰り返したところ,平均の期待値は 3.6,分散は 0.28 となった.サイコロを 1 回振って出る目を確率変数 X としたとき,X が従う母集団分布の平均,分散はいくらか.

2. 小さな種子がたくさんある.その中から 6 個抽出して平均と分散を計算する

という操作を何回も繰り返したところ，その分散の期待値が $(62\,\mathrm{mg})^2$ となった．種子全体を母集団としたとき，母標準偏差はいくらか．

3. 1から9の数字が書いてある札がそれぞれ1枚ある．よく切って1枚とり出すという試行を何回も行なう．とり出した札に書いてある数字を確率変数 X としたとき，X の平均，分散はいくらか．また，3枚とり出してはその数字の平均を計算するという操作を何回も行なったとき，その平均の期待値，分散はいくらか．

5-4 正規母集団

正規分布による近似 4-3節で，確率変数 $X_1, X_2, \cdots, X_n$ がたがいに独立で，平均 μ，分散 σ^2 の同じ分布に従うとき，

$$\frac{1}{n}(X_1+X_2+\cdots+X_n)$$

の分布は，n が大きければ正規分布 $N(\mu, \sigma^2/n)$ で近似できるという中心極限定理を述べた．標本抽出にこの定理を適用すると，次のようにいえる．

母集団分布が何であっても，その母平均 μ，母分散 σ^2 がわかっていれば，標本の大きさが十分大きいとき，標本平均 $\bar{X}=(X_1+X_2+\cdots+X_n)/n$ はほぼ正規分布 $N(\mu, \sigma^2/n)$ に従うと考えてよい．実用的には n が数十個以上ならこの近似はよい．また，(4.31)の標準化変換(いまの場合，$Z=(\bar{X}-\mu)\Big/\dfrac{\sigma}{\sqrt{n}}$)をほどこすと，$Z$ は標準正規分布 $N(0,1)$ に従うことになる．

例題 5.2 ある大学の入学試験の結果は，平均が600点，標準偏差が100点であった．受験生全体を母集団と考えたとき，その中から36人を無作為抽出すれば，標本平均はどんな分布に従うか．また，標本平均が580点以下である確率はいくらか．

[解] 例題4.2と数値は同じである．そこでは試験の点は，正規分布に従うと仮定していたが，標本の大きさが大きい標本抽出の場合には，母集団が正規分布に従うと仮定する必要はない．中心極限定理によって，標本平均 $\bar{X}$ は $N(\mu, \sigma^2/n)$ に従うことになる．$\mu=600$，$\sigma^2=100^2$，$n=36$ であるから，$\bar{X}$ の従

う分布は $N(600, 100^2/36)$ となる．標準化変換

$$Z = \frac{\bar{X} - 600}{100/\sqrt{36}} = \frac{3}{50}(\bar{X} - 600)$$

をほどこすと，Z は $N(0,1)$ に従う．$\bar{X}=580$ のとき $Z=-1.2$ であるから，$\bar{X}$ が 580 点以下の確率は，例題 4.2 と同じように，

$$P(\bar{X} \leq 580) = P(Z \leq -1.2) = \int_{-\infty}^{-1.2} \frac{1}{\sqrt{2\pi}} e^{-t^2/2} dt = \phi(1.2)$$

正規分布表から，$\phi(1.2)=0.1151 \fallingdotseq 11.5\%$ となる．

[答] 580 点以下の確率は 11.5%

例題 4.2 では全体のうちで 580 点以下のものは約 42% いるといっているのに対して，ここでは全体から 36 人とり出したとき，その平均が 580 点以下である可能性は約 12% であるといっているのである．

母平均 μ はわかっているが，母分散 σ^2 がわからないときは，標本平均 $\bar{X}$ の分布は，未知の量があるので，例題 5.2 のような答はだせない．しかし，標本値から計算できる標本分散の期待値は $\frac{n-1}{n}\sigma^2$ であることがわかっているので，σ^2 の代りに $\frac{n}{n-1}S^2$ を使えばどうだろうか．実際，この場合にも中心極限定理が適用できて，標本の大きさが大きければ，$\bar{X}$ は正規分布 $N(\mu, S^2/(n-1))$ に近似的に従うといえる．標準化変換 $Z=(\bar{X}-\mu)/(S/\sqrt{n-1})$ をほどこせば，Z はやはり標準正規分布 $N(0,1)$ に従うと考えてよいのである．

例題 5.3 例題 5.2 で母標準偏差がわからないとき，母集団から 36 人抽出して，標本標準偏差 S が 150 点であったとする．標本平均が 580 点以下である確率はいくらか．

[解] 標本平均 $\bar{X}$ に対して，標準化変換

$$Z = \frac{\bar{X} - \mu}{S/\sqrt{n-1}} = \frac{\sqrt{35}}{150}(\bar{X} - 600)$$

をほどこすと，Z は $N(0,1)$ に従う．$\bar{X}=580$ のとき，$Z \fallingdotseq -0.79$ であるから，

$$P(\bar{X} \leq 580) = P(Z \leq -0.79) = \int_{-\infty}^{-0.79} \frac{1}{\sqrt{2\pi}} e^{-t^2/2} dt = \phi(0.79)$$

正規分布表から，$\phi(0.79)=0.2148\fallingdotseq 21.5\%$ となる．

　　　　　　　　　　　　　　　［答］ 580点以下の確率は21.5%

例題5.2とくらべて値が大きくなったのは，標本標準偏差 S，すなわち標本のばらつきが大きくなったことが影響しているのである．┃

　標本の大きさがあまり大きくないときには中心極限定理が使えず，$\bar{X}$ がどんな分布をするかは簡単にはわからない．しかし，母集団が正規母集団であるときは，次にのべるような正規分布のもつ良い性質を使って，$\bar{X}$ の分布は近似なしに求めることができる．

　正規分布の1次結合　正規分布は重ね合せができるという便利な性質をもっている．すなわち，すぐあとで示すように，確率変数 X_1, X_2 が互いに独立であり，それぞれ正規分布 $N(\mu_1, \sigma_1^2), N(\mu_2, \sigma_2^2)$ に従っているとき，確率変数の和 X_1+X_2 も正規分布 $N(\mu_1+\mu_2, \sigma_1^2+\sigma_2^2)$ に従うのである．

　たとえば，数学と英語の試験の成績がそれぞれ正規分布に従っているとき，数学と英語の答案を無作為にとってきて合計した点の分布を調べると，その合

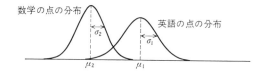

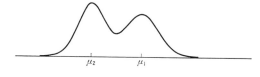

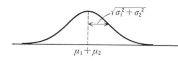

図 5-4　正規分布の1次結合

計点はやはり正規分布に従っていることになる(正規分布の1次結合. 図5-4を参照). 数学の点と英語の点を混ぜた得点の分布ではなく,合計点の分布であることに注意しよう.

この事実を示すのに,3-5節の結果が使える. $X_i (i=1, 2)$ の確率密度はそれぞれ

$$f_i(x) = \frac{1}{\sqrt{2\pi}\,\sigma_i} \exp\left[-\frac{1}{2}\frac{(x-\mu_i)^2}{\sigma_i^2}\right]$$

で与えられているから,(3.66)より $Z = X_1 + X_2$ の確率密度は

$$g(z) = \int_{-\infty}^{\infty} \frac{1}{\sqrt{2\pi}\,\sigma_1} \exp\left[-\frac{1}{2}\frac{(z-w-\mu_1)^2}{\sigma_1^2}\right] \cdot \frac{1}{\sqrt{2\pi}\,\sigma_2} \exp\left[-\frac{1}{2}\frac{(w-\mu_2)^2}{\sigma_2^2}\right] dw$$

と書ける. この積分の値を計算するために,指数関数の指数部分を整理すると,

$$-\frac{1}{2}\left\{\frac{(z-w-\mu_1)^2}{\sigma_1^2} + \frac{(w-\mu_2)^2}{\sigma_2^2}\right\}$$

$$= -\frac{1}{2\sigma_1^2\sigma_2^2}\left[(\sigma_1^2+\sigma_2^2)w^2 - 2\{(z-\mu_1)\sigma_2^2 + \mu_2\sigma_1^2\}w + (z-\mu_1)^2\sigma_2^2 + \mu_2^2\sigma_1^2\right]$$

$$= -\frac{1}{2\sigma_1^2\sigma_2^2}\left[(\sigma_1^2+\sigma_2^2)\left\{w - \frac{(z-\mu_1)\sigma_2^2 + \mu_2\sigma_1^2}{\sigma_1^2+\sigma_2^2}\right\}^2 + \frac{\sigma_1^2\sigma_2^2}{\sigma_1^2+\sigma_2^2}(z-\mu_1-\mu_2)^2\right]$$

したがって,

$$g(z) = \frac{1}{2\pi\sigma_1\sigma_2} \exp\left[-\frac{(z-\mu_1-\mu_2)^2}{2(\sigma_1^2+\sigma_2^2)}\right] \cdot \int_{-\infty}^{\infty} \exp\left[-\frac{\sigma_1^2+\sigma_2^2}{2\sigma_1^2\sigma_2^2}\left\{w - \frac{(z-\mu_1)\sigma_2^2 + \mu_2\sigma_1^2}{\sigma_1^2+\sigma_2^2}\right\}^2\right] dw$$

となる.

$$t = \frac{\sqrt{\sigma_1^2+\sigma_2^2}}{\sigma_1\sigma_2}\left\{w - \frac{(z-\mu_1)\sigma_2^2 + \mu_2\sigma_1^2}{\sigma_1^2+\sigma_2^2}\right\}$$

と積分変数変換をして,

$$g(z) = \frac{1}{2\pi\sigma_1\sigma_2} \exp\left[-\frac{(z-\mu_1-\mu_2)^2}{2(\sigma_1^2+\sigma_2^2)}\right] \frac{\sigma_1\sigma_2}{\sqrt{\sigma_1^2+\sigma_2^2}} \int_{-\infty}^{\infty} e^{-t^2/2} dt$$

結局,

$$g(z) = \frac{1}{\sqrt{2\pi}\sqrt{\sigma_1^2+\sigma_2^2}} \exp\left[-\frac{(z-\mu_1-\mu_2)^2}{2(\sigma_1^2+\sigma_2^2)}\right]$$

が得られた．これは，平均が $\mu_1+\mu_2$，分散が $\sigma_1^2+\sigma_2^2$ の正規分布である．

正規分布の重ね合せは，もっと一般的な場合にも成り立つ．すなわち，$X_i(i=1,2,\cdots,n)$ が互いに独立でそれぞれ $N(\mu_i,\sigma_i^2)$ に従うとき，$a_0,a_1,a_2,\cdots,a_n$ を定数として

$$Y = a_0+a_1X_1+a_2X_2+\cdots+a_nX_n$$

は

$$N(a_0+a_1\mu_1+a_2\mu_2+\cdots+a_n\mu_n,\ a_1^2\sigma_1^2+a_2^2\sigma_2^2+\cdots+a_n^2\sigma_n^2)$$

に従う．

特に，$a_0=0,\ a_1=a_2=\cdots=a_n=1/n$ ととると，$X_i(i=1,2,\cdots,n)$ が互いに独立で同じ正規分布 $N(\mu,\sigma^2)$ に従うとき，

$$Y = \frac{1}{n}(X_1+X_2+\cdots+X_n)$$

は

$$N\Big(\underbrace{\frac{1}{n}\mu_1+\frac{1}{n}\mu_2+\cdots+\frac{1}{n}\mu_n}_{n個},\ \underbrace{\frac{1}{n^2}\sigma^2+\frac{1}{n^2}\sigma^2+\cdots+\frac{1}{n^2}\sigma^2}_{n個}\Big) = N\Big(\mu,\frac{\sigma^2}{n}\Big)$$

に従うことがわかる．だから，

> **命題 5-1** 母集団が $N(\mu,\sigma^2)$ の正規分布に従うことがわかっているとき，大きさ n の標本を無作為抽出して，標本平均 $\bar{X}=\frac{1}{n}(X_1+X_2+\cdots+X_n)$ をつくると，n が大きくなくても，$\bar{X}$ は $N(\mu,\sigma^2/n)$ に従う．

と近似なしにいえるのである．

例題 5.4 例題 5.2 で，入学試験の得点が正規分布に従うことがわかっているときに，5人を無作為抽出すれば，標本平均が 580 点以下である確率はいくらか．

[解] 標本平均 $\bar{X}$ は $N(600,100^2/5)=N(600,(20\sqrt{5})^2)$ に従う．

$Z = (\bar{X} - 600)/20\sqrt{5}$ とすると，Z は $N(0,1)$ に従う．$\bar{X} = 580$ のとき，$Z = (580 - 600)/20\sqrt{5} = -\sqrt{5}/5 = -0.447$ であるから，

$$P(\bar{X} \leq 580) = P(Z \leq -0.447) = \int_{-\infty}^{-0.447} \frac{1}{\sqrt{2\pi}} e^{-t^2/2} dt = \phi(0.447)$$

$\phi(0.447)$ の値は正規分布表にないが，$\phi(0.44) = 0.3300$，$\phi(0.45) = 0.3264$ であるので，補間して，$\phi(0.447) = 0.3300 + \frac{7}{10} \times (0.3264 - 0.3300) = 0.3275$.

∴ $P(\bar{X} \leq 580) = 0.3275 \doteqdot 32.8\%$ [答] 約 32.8％

例題 5.5 ある工場で，機械に異常がなく安定なときは，製品の品質特性が $N(\mu, \sigma^2)$ に従っている工程がある．この安定な工程において一定時間ごとに大きさ n の標本を無作為抽出したとき，標本平均 $\bar{X}$ が，区間 $\mu - 3\sigma/\sqrt{n} < \bar{X} < \mu + 3\sigma/\sqrt{n}$ の外にはみ出す確率はいくらか．$\mu \pm 3\sigma/\sqrt{n}$ は平均値からのずれを表わしており，**管理限界**という．

[解] $\bar{X}$ は $N(\mu, \sigma^2/n)$ に従うから，$Z = \frac{\sqrt{n}}{\sigma}(\bar{X} - \mu)$ は $N(0,1)$ に従う．$\bar{X} = \mu \pm 3\sigma/\sqrt{n}$ のとき $Z = \pm 3$ であり，

$$P\left(\mu - \frac{3\sigma}{\sqrt{n}} < \bar{X} < \mu + \frac{3\sigma}{\sqrt{n}}\right) = P(-3 < Z < 3)$$

となる．4-3 節の結果(89 ページ)を用いると，この値は 0.9973 に等しい．したがって，はみ出す確率は $1 - 0.9973 = 0.0027 = 0.27\%$．

この例題は**品質管理**の簡単な一例を示している．工程に異常がないとき，製品が管理限界をはみ出す可能性は 1000 個に 3 個もないので，抽出した標本の平均がこの限界を越えたときには，工程に異常がおきていると考えて，生産を中断して原因を調べることになる．この例での管理限界は平均から $\pm 3\sigma/\sqrt{n}$ ずれているところまでとっているので，**3 シグマ限界**という．

━━━━━━━━━━━━ 問 題 5-4 ━━━━━━━━━━━━

1. ある工場で作っている 60 W の電球の平均寿命は 2000 時間であるという．以下のそれぞれの場合について，標本の平均寿命が 2050 時間をこえる確率を求めよ．

（i）母標準偏差が 300 時間であることがわかっているときに，電球 100 個を無作為抽出した場合．

（ii）母標準偏差がわからなく，100 個を無作為抽出して標本標準偏差が 400 時間であった場合．

（iii）電球の寿命の分布が $N(2000, 300^2)$ に従うことがわかっているときに，10 個無作為抽出した場合．

2. 3 シグマの管理限界を採用している小麦粉の袋詰工場がある．正しく管理されているときの製品は，平均が 2000 g，標準偏差が 52 g の正規分布に従っている．ある日製品 4 袋を無作為にとり出してその平均をとったところ，1920 g であった．製造工程に異常があると判断すべきか．

5-5 正規母集団に対する標本分布

標本分布 正規母集団から抽出した標本平均もまた正規分布に従うという結果を前節で示したが，標本分散などの他の統計量はどのような分布に従うだろうか．この節では，実際の統計処理に役立ついくつかの特別な標本分布について考察する．代表的なものとして χ^2 分布，F 分布，t 分布をとりあげる．どの分布も，母集団が正規母集団であると仮定したとき，母平均・母分散と標本平均・標本分散を組み合わせた量が従う分布である．

次の章で，標本値にもとづいて母集団の特性を推測する実例をさまざまな場合について示すが，各分布に関する本節の結果(特に命題 5-2〜5-10)はそのために必要なものである．以下にみるように，分布はどれも複雑な関数形をしている．しかし，実際の統計処理に際して，必ずしもその具体的な形を知っている必要はない．計算に興味のない読者は，各分布がどういう統計量に対するものであるかだけを各命題について理解し，次の章へ進めばよい．

χ^2 分布 確率変数 X が標準正規分布 $N(0,1)$ に従うとき，$Z=X^2$ の従う分布 $T_1(z)$ は，問題 3-3 問 2 の結果から，

$$T_1(z) = \begin{cases} \dfrac{1}{\sqrt{2\pi}} z^{-1/2} e^{-z/2} & (z>0) \\ 0 & (z\leqq 0) \end{cases} \qquad (5.14)$$

である.次に X_1, X_2 が互いに独立で,それぞれ $N(0,1)$ に従うとき,$Z=X_1^2+X_2^2$ が従う分布 $T_2(z)$ は,(3.66)のたたみ込み積分で表わされる.$y\leqq 0$ のとき $T_1(y)=0$ であることに注意すると,

$$T_2(z) = \int_0^z T_1(z-y) T_1(y) dy$$

ただし,$z\leqq 0$ のときは $T_2(z)=0$ である.(5.14)を代入して,

$$\begin{aligned} T_2(z) &= \int_0^z \frac{1}{\sqrt{2\pi}} (z-y)^{-1/2} e^{-(z-y)/2} \cdot \frac{1}{\sqrt{2\pi}} y^{-1/2} e^{-y/2} dy \\ &= \frac{1}{2\pi} e^{-z/2} \int_0^z (z-y)^{-1/2} y^{-1/2} dy \end{aligned}$$

$t=y/z$ とおくと,$dy=zdt$ となるから,

$$T_2(z) = \frac{1}{2\pi} e^{-z/2} \int_0^1 (1-t)^{-1/2} t^{-1/2} dt$$

(3.21)′ から右辺の積分はベータ関数で表わされ,

$$\begin{aligned} T_2(z) &= \frac{1}{2\pi} e^{-z/2} B\left(\frac{1}{2}, \frac{1}{2}\right) = \frac{1}{2\pi} e^{-z/2} \frac{\Gamma(1/2)\Gamma(1/2)}{\Gamma(1)} \\ &= \frac{1}{2\pi} e^{-z/2} \pi = \frac{1}{2} e^{-z/2} \qquad (z>0) \end{aligned}$$

となる.

一般に,n 個の変数 $X_1, X_2, \cdots, X_n$ が互いに独立で,それぞれ $N(0,1)$ に従うとき,$Z=X_1^2+X_2^2+\cdots+X_n^2$ の分布 $T_n(z)$ は,

$$T_n(z) = \begin{cases} \dfrac{1}{2^{n/2} \Gamma(n/2)} z^{(n-2)/2} e^{-z/2} & (z>0) \\ 0 & (z\leqq 0) \end{cases} \qquad (5.15)$$

となる.この事実を証明するには数学的帰納法を使えばよい.すなわち,$Z=X_1^2+X_2^2+\cdots+X_{n-1}^2$ の分布が $T_{n-1}(z)$ であることを認めると,この変数 Z にさらに X_n^2 を加えたものが従う分布は,たたみ込み積分

$$\int_0^z T_{n-1}(z-y)T_1(y)dy$$

で表わされることになる．この積分の値を計算して，$T_n(z)$ になることを示せばよい．

　(5.15)の分布を**自由度 n の χ^2 分布**という(χ^2 はカイ2乗と読む)．もともと統計学者は，$\chi^2 = X_1^2 + X_2^2 + \cdots + X_n^2$ を，正規母集団からの標本分散に関係した量としてよく用いていたので，このような名前がつけられるようになった．T_n の添字である自由度 n は，和をとった変数の個数に等しい．すなわち，Z は n 個の自由に動かせる変数の関数になっており，自由度はその個数を表わしているのである．

　図5-5は χ^2 分布のグラフの概形である．$n \geqq 3$ では $x \leqq 0$ で0となり，対称でない山の形をしている．実際の統計処理を行なう場合には，

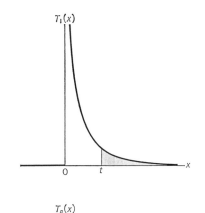
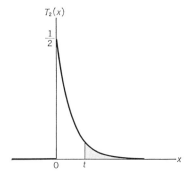
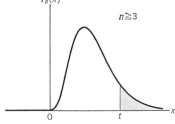

図5-5　χ^2 分布のグラフ
　陰影部の面積が α となるときの
　t の値が附表3にある．

$$\int_t^\infty T_n(x)dx = \alpha$$

となる α と t の関係を知る必要が生じる．自由度 n のときの代表的な α に対する t の値を附表3に示してある．

χ^2 分布の適用　χ^2 分布は正規分布に従う確率変数の2乗の和に対する分布であるから，標本抽出の立場からは次のようにいうことができる．

> **命題5-2**　$N(0, 1)$ に従う正規母集団から，大きさ n の標本 $X_1, X_2,$ $\cdots, X_n$ を無作為抽出したとき，
> $$X = X_1^2 + X_2^2 + \cdots + X_n^2$$
> は自由度 n の χ^2 分布に従う．

[例1]　$N(0, 1)$ に従う母集団から6個の標本 $X_1, X_2, \cdots, X_6$ を無作為抽出したとき，$X = X_1^2 + X_2^2 + \cdots + X_6^2$ が2.2を越える確率を求める．

X は自由度6の χ^2 分布に従う．附表3をみると，$n=6$ で $\alpha=0.900$ のところに $t=2.20$ の値がある．すなわち，何度も抽出を繰り返したとき，ある抽出で X が2.2を越える確率は $0.900 = 90\%$．▮

実用的には $N(\mu, \sigma^2)$ に従う正規母集団からの標本抽出が問題となる．標準化変換(4.31)を使うと，X_j が $N(\mu, \sigma^2)$ に従うとき，$Z_j = (X_j - \mu)/\sigma$ は $N(0, 1)$ に従うことになるので，上の命題は次のように読みかえられる．

> **命題5-3**　$N(\mu, \sigma^2)$ に従う正規母集団から，大きさ n の標本 $X_1,$ $X_2, \cdots, X_n$ を無作為抽出したとき，
> $$Z = \frac{1}{\sigma^2}\{(X_1-\mu)^2 + (X_2-\mu)^2 + \cdots + (X_n-\mu)^2\}$$
> は自由度 n の χ^2 分布に従う．

[例2]　$N(3, \sigma^2)$ に従う母集団から12個の標本 $X_1, X_2, \cdots, X_{12}$ を無作為抽出する．何度も抽出を繰り返したところ，$X = (X_1-3)^2 + (X_2-3)^2 + \cdots + (X_{12}-3)^2$ が48を越える確率はちょうど10%であった．母分散 σ^2 を求める．

$Z=X/\sigma^2$ は自由度 12 の χ^2 分布に従う．附表で $n=12$, $\alpha=0.100$ のところをみて，$Z>18.55$ となる確率が 10% であることがわかる．したがって $48/\sigma^2=18.55$ から σ^2 を計算すればよい．∴ $\sigma^2=48/18.55 \doteq 2.59$. ∎

命題 5-3 で母平均 μ の代りに標本平均 $\bar{X}$ を用いた場合にも同じような結果が得られる．しかし，標本平均の定義式

$$\bar{X} = \frac{1}{n}(X_1+X_2+\cdots+X_n)$$

が 1 つの拘束条件となり，自由に動ける変数の個数が 1 つ減る．つまり，自由度が 1 つ減ることになる．したがって，次の命題が成り立つ．

> **命題 5-4** $N(\mu, \sigma^2)$ に従う正規母集団から，大きさ n の標本 X_1, $X_2, \cdots, X_n$ を無作為抽出し，標本平均 $\bar{X}=\frac{1}{n}(X_1+X_2+\cdots+X_n)$ をつくると，
>
> $$Z = \frac{1}{\sigma^2}\{(X_1-\bar{X})^2+(X_2-\bar{X})^2+\cdots+(X_n-\bar{X})^2\} = \frac{nS^2}{\sigma^2}$$
>
> は自由度 $n-1$ の χ^2 分布に従う．ただし S^2 は(5.5)で定義される標本分散である．

例題 5.6 例 2 と同じように，正規母集団から 12 個の標本を無作為抽出する．ただし母平均はわかっていない．何度も抽出を繰り返して標本分散 S^2 の分布を調べると，$S^2>4.0$ となる確率がやはり 10% であった．母分散 σ^2 はいくらか．

［解］標本の大きさ $n=12$ であるから，標本分散 $S^2=4.0$ は $X=(X_1-\bar{X})^2+(X_2-\bar{X})^2+\cdots+(X_{12}-\bar{X})^2=48$ に相当している．$Z=\frac{12S^2}{\sigma^2}$ は自由度 $12-1=11$ の χ^2 分布に従う．附表で $n=11$, $\alpha=0.100$ のところをみて，$Z>17.28$ となる確率が 10% であることがわかる．したがって，$12\times4.0/\sigma^2=17.28$ である．

［答］ $\sigma^2 = \dfrac{48}{17.28} = 2.78$ ∎

この例題では母平均の代りに標本平均を使ったので，例 2 と異なる結果になったことに注意しよう．

前節の結果(命題5-1)から，標本平均 $\bar{X}$ は $N(\mu, \sigma^2/n)$ に従っているので，標準化変換をほどこすと，$\bar{Z}=(\bar{X}-\mu)\Big/\dfrac{\sigma}{\sqrt{n}}$ は $N(0,1)$ に従い，$Z=\bar{Z}^2$ は自由度1の χ^2 分布に従うことになる．したがって，次の命題も成り立つ．

> **命題5-5** $N(\mu, \sigma^2)$ に従う正規母集団から，大きさ n の標本 X_1, $X_2, \cdots, X_n$ を無作為抽出して，標本平均 $\bar{X}$ をつくると，
> $$Z = \frac{n}{\sigma^2}(\bar{X}-\mu)^2$$
> は自由度1の χ^2 分布に従う．

正規分布と同様に，χ^2 分布も重ね合せができるという性質をもっている．すなわち，X, Y が独立で，それぞれ自由度 m, n の χ^2 分布に従っているとき，$X+Y$ は自由度 $m+n$ の χ^2 分布に従うのである．

F 分布 X_1, X_2 が互いに独立でそれぞれ自由度 m, n の χ^2 分布に従っているとする．そのとき，X_1/m と X_2/n の比の従う分布について調べる．

まず，変数変換
$$X = \frac{X_1/m}{X_2/n}, \quad Y = mX_2 \quad \left(\text{逆は，} X_1 = \frac{XY}{n}, \; X_2 = \frac{Y}{m}\right)$$
をしたときの X, Y の同時確率分布を $f(x,y)$ とすると，X_1, X_2 は互いに独立だから，
$$f(x,y)dxdy = T_m(x_1)T_n(x_2)dx_1dx_2$$
である．このとき(63ページ参照)，
$$dx_1dx_2 = \begin{vmatrix} \partial x_1/\partial x & \partial x_1/\partial y \\ \partial x_2/\partial x & \partial x_2/\partial y \end{vmatrix} dxdy = \begin{vmatrix} y/n & x/n \\ 0 & 1/m \end{vmatrix} dxdy = \frac{y}{mn}dxdy$$
だから，
$$f(x,y) = \frac{y}{mn} T_m\left(\frac{xy}{n}\right) T_n\left(\frac{y}{m}\right)$$
となる．X の従う分布を $f_{m,n}(x)$ とする．$f_{m,n}(x)$ を求めるためには，X の周辺分布を計算すればよい．

$$f_{m,n}(x) = \int_{-\infty}^{\infty} f(x,y)dy$$

たとえば $m=n=1$ とすると，(5.14) から $x>0$ のとき，

$$\begin{aligned}
f_{1,1}(x) &= \int_0^{\infty} yT_1(xy)T_1(y)dy \\
&= \int_0^{\infty} y\frac{1}{\sqrt{2\pi}}(xy)^{-1/2}e^{-xy/2} \cdot \frac{1}{\sqrt{2\pi}}y^{-1/2}e^{-y/2}dy \\
&= \frac{1}{2\pi}x^{-1/2}\int_0^{\infty} e^{-(x+1)y/2}dy \\
&= \frac{1}{2\pi}x^{-1/2}\left[-\frac{2}{x+1}e^{-(x+1)y/2}\right]_{y=0}^{\infty} \\
&= \frac{1}{\pi}x^{-1/2}\frac{1}{x+1}
\end{aligned}$$

となる．

一般に，X_1, X_2 が互いに独立でそれぞれ自由度 m, n の χ^2 分布に従っているとき，$X=nX_1/mX_2$ は

$$f_{m,n}(x) = \begin{cases} \dfrac{m^{m/2}n^{n/2}x^{(m-2)/2}}{B(m/2, n/2)(mx+n)^{(m+n)/2}} & (x>0) \\ 0 & (x\leqq 0) \end{cases} \quad (5.16)$$

に従う．$B(m/2, n/2)$ はベータ関数である．(5.16) の分布を，自由度 (m, n) の **F 分布**という．この分布はフィッシャー (R. A. Fisher) が考えた分布と関係しており，その名前の頭文字と，(5.16) の形の分布を示したスネデカー (G. W. Snedecor) に因んで，**スネデカーの F 分布**とよぶこともある．

図 5-6 は F 分布のグラフの概形である．χ^2 分布と同じく，$m\geqq 3$ のとき対称でない山の形をしている．統計処理を行なう際に，

$$\int_t^{\infty} f_{m,n}(x)dx = \alpha$$

となる α と t の関係を知る必要がやはり生じるが，$\alpha=0.05, 0.01$ の場合のいろいろな m, n に対する t の値を附表 4, 附表 5 に示してある．

F 分布の適用 χ^2 分布は確率変数の 2 乗の和，すなわち分散に関係した標本

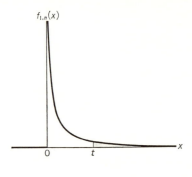
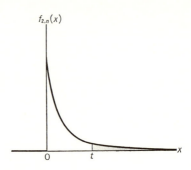
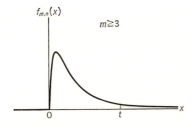

図 5-6　F 分布のグラフ
陰影部の面積が α となるときの
t の値が附表 4, 附表 5 にある.

分布であった. F 分布は χ^2 分布に従う 2 つの確率変数の比を考えているので, 標本分散の比に関係した情報を与えてくれる.

　母分散が σ^2 である正規母集団から m 個の標本を抽出し, 標本分散 $S_m{}^2$ をつくると, 命題 5-4 から $X_1=mS_m{}^2/\sigma^2$ は自由度 $m-1$ の χ^2 分布に従う. 母分散が同じ別の正規母集団から n 個の標本を抽出し, 標本分散 $S_n{}^2$ をつくると, やはり $X_2=nS_n{}^2/\sigma^2$ は自由度 $n-1$ の χ^2 分布に従う. すると上の結果から, 比

$$X = \frac{mS_m{}^2/\sigma^2}{m-1} \Big/ \frac{nS_n{}^2/\sigma^2}{n-1} = \frac{m(n-1)S_m{}^2}{n(m-1)S_n{}^2}$$

が $f_{m-1, n-1}(x)$ に従うのである.

> **命題 5-6**　母分散の等しい 2 つの正規母集団から, 大きさがそれぞれ m, n の標本 $X_1, X_2, \cdots, X_m, Y_1, Y_2, \cdots, Y_n$ を無作為抽出し, 標本分散 $S_m{}^2, S_n{}^2$ をつくると,
>
> $$X = \frac{m(n-1)S_m{}^2}{n(m-1)S_n{}^2}$$

は自由度が $(m-1, n-1)$ の F 分布に従う．

例題 5.7 母分散の等しい 2 つの正規母集団について，一方から 6 個標本を無作為抽出して標本分散を計算したところ 15.2，他方から 9 個抽出して標本分散を計算したところ 2.57 であった．このような結果が生じる確率は 5% より小さいか．

[解] $m=6$ で $S_m^2=15.2$, $n=9$ で $S_n^2=2.57$ を代入して，

$$X = \frac{m(n-1)S_m^2}{n(m-1)S_n^2} = \frac{6\times 8\times 15.2}{9\times 5\times 2.57} \fallingdotseq 6.31$$

である．命題 5-6 から，X は自由度 $(6-1=5, 9-1=8)$ の F 分布に従う．附表 4 で対応する自由度のところの数値をよむと 3.69 である．上の X の値はこれより大きい．すなわち，何度も抽出を繰り返したとき，ある抽出でこのような結果になる確率は 5% 以下である．■

$N(\mu, \sigma^2)$ に従う母集団から抽出した大きさ n の標本について，まず命題 5-5 から，$n(\bar{X}-\mu)^2/\sigma^2$ は自由度 1 の χ^2 分布に従う．また命題 5-4 から，nS^2/σ^2 は自由度 $n-1$ の χ^2 分布に従う．よって，比

$$X = \frac{n(\bar{X}-\mu)^2/\sigma^2}{1} \Big/ \frac{nS^2/\sigma^2}{n-1} = \frac{(n-1)(\bar{X}-\mu)^2}{S^2}$$

は $f_{1, n-1}(x)$ に従う．

命題 5-7 $N(\mu, \sigma^2)$ に従う正規母集団から，大きさ n の標本を無作為抽出し，標本平均 $\bar{X}$, 標本分散 S^2 をつくると，

$$X = \frac{(n-1)(\bar{X}-\mu)^2}{S^2}$$

は自由度 $(1, n-1)$ の F 分布に従う．

例題 5.8 母平均が 6.3 である正規母集団から 20 個の標本を無作為抽出して，標本平均 $\bar{X}$, 標本分散 S^2 を計算したところ，$\bar{X}=8.2$, $S^2=12.6$ であった．このような結果が生じる確率は 1% より小さいか．

[解] $n=20$ である．$\mu, \bar{X}, S^2$ の値を代入して，

$$X = \frac{(n-1)(\bar{X}-\mu)^2}{S^2} = \frac{(20-1)(8.2-6.3)^2}{12.6} = 5.44$$

附表5で自由度 $(1, n-1=19)$ のところの数値をよむと，8.18である．上の X の値はこれより小さい．すなわち，何度も抽出を繰り返したとき，ある抽出でこのような結果が生じる確率は1%以上である． ∎

$N(\mu_x, \sigma^2)$ に従う母集団から，大きさ m の標本を抽出し，標本平均 $\bar{X}$ ，標本分散 S_x^2 をつくる．また $N(\mu_y, \sigma^2)$ に従う母集団から，大きさ n の標本を抽出し，標本平均 $\bar{Y}$ ，標本分散 S_y^2 をつくる．2つの母集団は，母分散が等しいのである．

5-4節の命題5-1により，$\bar{X}$ は $N(\mu_x, \sigma^2/m)$，$\bar{Y}$ は $N(\mu_y, \sigma^2/n)$ に従う．さらに同じ5-4節で示した正規分布の重ね合せの性質を使うと，$Z = (\bar{X}-\mu_x) - (\bar{Y}-\mu_y)$ は $N\left(0, \left(\dfrac{1}{m}+\dfrac{1}{n}\right)\sigma^2\right)$ に従うことになる．すると，命題5-3で大きさ1の標本を抽出した場合を考えると，$Z^2 \Big/ \left(\dfrac{1}{m}+\dfrac{1}{n}\right)\sigma^2$ は自由度が1の χ^2 分布に従うことがわかる．

一方，命題5-4から，mS_x^2/σ^2，nS_y^2/σ^2 はそれぞれ自由度が $m-1$，$n-1$ の χ^2 分布に従うので，χ^2 分布の重ね合せの性質から，$(mS_x^2 + nS_y^2)/\sigma^2$ は自由度 $m+n-2$ の χ^2 分布に従う．よって，比

$$X = \frac{Z^2/(1/m+1/n)\sigma^2}{1} \Big/ \frac{(mS_x^2+nS_y^2)/\sigma^2}{m+n-2} = \frac{(m+n-2)Z^2}{(1/m+1/n)(mS_x^2+nS_y^2)}$$

は $f_{1, m+n-2}(x)$ に従うことになる．

> **命題5-8** 母分散の等しい2つの正規分布 $N(\mu_x, \sigma^2)$，$N(\mu_y, \sigma^2)$ に従う母集団から，それぞれ大きさ m, n の標本を無作為抽出し，標本平均 $\bar{X}, \bar{Y}$，標本分散 S_x^2, S_y^2 をつくると，
> $$X = \frac{(m+n-2)\{(\bar{X}-\bar{Y})-(\mu_x-\mu_y)\}^2}{(1/m+1/n)(mS_x^2+nS_y^2)}$$
> は自由度 $(1, m+n-2)$ の F 分布に従う．

例題 5.9 $N(2.0, 8)$ に従う母集団から5個標本を無作為抽出したところ，その標本平均は5.3，標本分散は12であった．また $N(3.5, 8)$ に従う母集団から6

個標本を無作為抽出したところ,標本平均は 2.1,標本分散は 10 であった.このような結果を生じる確率は 5% より小さいか.

[解] 母分散が等しいので,命題 5-8 が成り立つ.$m=5$ の標本に対して,$\mu_x=2.0$, $\bar{X}=5.3$, $S_x^2=12$, $n=6$ の標本に対して,$\mu_y=3.5$, $\bar{Y}=2.1$, $S_y^2=10$ である.これらの値を代入して,

$$X = \frac{(m+n-2)\{(\bar{X}-\bar{Y})-(\mu_x-\mu_y)\}^2}{(1/m+1/n)(mS_x^2+nS_y^2)}$$

$$= \frac{(5+6-2)\{(5.3-2.1)-(2.0-3.5)\}^2}{(1/5+1/6)(5\times 12+6\times 10)} = 4.52$$

附表 4 で自由度 $(1, m+n-2=9)$ のところの数値をよむと 5.12 である.上の X の値はこれより小さい.すなわち,何度も抽出を繰り返したとき,ある抽出でこのような結果が生じる確率は 5% 以上である.∎

t 分布　自由度が $(1, n)$ の F 分布は

$$f_{1,n}(x) = \begin{cases} \dfrac{n^{n/2}x^{-1/2}}{B(1/2, n/2)(x+n)^{(1+n)/2}} & (x>0) \\ 0 & (x\leqq 0) \end{cases} \quad (5.17)$$

と書ける.$X=T^2$ と変数変換をしたときの $T=t$ の従う分布 $f_n(t)$ を調べる.3-3 節例 5 の結果 (3.42) より

$$f_{1,n}(x) = \frac{1}{2\sqrt{x}}\{f_n(t)+f_n(-t)\}$$

である.$f_n(t)$ が対称な分布 ($f_n(t)=f_n(-t)$) であると仮定すると,

$$f_n(t) = \sqrt{x}\,f_{1,n}(x)$$

$$= \frac{n^{n/2}}{B(1/2, n/2)(x+n)^{(1+n)/2}} = \frac{n^{-1/2}}{B(1/2, n/2)}\left(\frac{n}{t^2+n}\right)^{\frac{n+1}{2}}$$

となる.結局,

$$f_n(t) = \frac{1}{\sqrt{n}\,B\left(\dfrac{1}{2}, \dfrac{n}{2}\right)\left(1+\dfrac{t^2}{n}\right)^{\frac{n+1}{2}}} \quad (5.18)$$

となるが,この分布を自由度 n の **t 分布**または**スチューデント分布**という.こ

の分布では，確率変数 T を用いることが多いので t 分布というわけである．また，この分布はゴセット (W. S. Gosset) がスチューデントという筆名で発表した論文ではじめて導入されたので，スチューデント分布という別名をもっているのである．

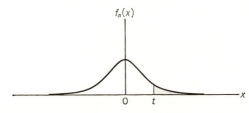

図 5-7　t 分布のグラフ
陰影部の面積が $\alpha/2$ のときの t の値が附表 6 にある．

図 5-7 は t 分布のグラフの概形であり，対称な山の形をしていることがわかる．

$$\int_t^\infty f_n(x)dx = \frac{\alpha}{2}$$

となる代表的な α と t の値が附表 6 に示してある．対称なので $\int_{-\infty}^{-t} f_n(x)dx$ も $\alpha/2$ となっていることに注意しよう．

t 分布は自由度 $(1, n)$ の F 分布と本質的に変わらないが，実際の統計処理ではよく使われる．特に命題 5-7, 5-8 を読みかえた次の 2 つの命題は代表的なものである．

命題 5-9　$N(\mu, \sigma^2)$ に従う正規母集団から，大きさ n の標本を無作為抽出し，標本平均 $\bar{X}$，標本分散 S^2 をつくると，

$$T = \frac{\sqrt{n-1}(\bar{X}-\mu)}{S}$$

は自由度 $n-1$ の t 分布に従う．

命題 5-10　母分散の等しい 2 つの正規分布 $N(\mu_x, \sigma^2)$, $N(\mu_y, \sigma^2)$ に従う母集団から，それぞれ大きさ m, n の標本を無作為抽出し，

標本平均 $\bar{X}, \bar{Y}$, 標本分散 $S_x{}^2, S_y{}^2$ をつくると,
$$T = \frac{\sqrt{m+n-2}\{(\bar{X}-\bar{Y})-(\mu_x-\mu_y)\}}{\sqrt{(1/m+1/n)(mS_x{}^2+nS_y{}^2)}}$$
は自由度 $m+n-2$ の t 分布に従う.

例題 5.10 例題 5.8 を t 分布を用いて解け.

[解] $n=20$, $\mu=6.3$, $\bar{X}=8.2$, $S^2=12.6$ を命題 5-9 の T に代入して,
$$T = \frac{\sqrt{n-1}(\bar{X}-\mu)}{S} = \frac{\sqrt{20-1}(8.2-6.3)}{\sqrt{12.6}} = 2.33$$
附表 6 で自由度 $n-1=19$ で $\alpha=0.010$ のところをよむと, 2.861 である. 上の T の値は -2.861 と 2.861 の間にあるので, 何度も抽出を繰り返したとき, ある抽出でこのような結果を生じる確率は 1% 以上である.

自由度 $(1, n)$ の F 分布に従う確率変数 X と, 自由度 n の t 分布に従う確率変数 T との間には $X=T^2$ の関係があった. 例題 5.8 と例題 5.10 の数値を比較すると, 当然ながら $5.44 \doteqdot (2.33)^2$, $8.18 \doteqdot (2.86)^2$ となっている.

──────────────────── 問 題 5-5 ────────────────────

1. 母平均のわからない正規母集団から, 標本を 9 個無作為抽出し標本分散 S^2 を計算するという操作を何度も繰り返すと, 20 回に 1 回の割合で S^2 が 1.0 を越えたという. 母分散はいくらか.

2. 母分散が等しい 2 つの正規母集団の一方から 4 個, 他方から 7 個標本を無作為抽出し, それぞれ標本分散を計算したところ, 4 個抽出したほうの分散は 7 個抽出したほうの分散のちょうど 10 倍になった. このような結果になる確率は 1% より小さいか.

3. 例題 5.9 のような結果を生じる確率は 10% より小さいかどうか, t 分布を用いて調べよ.

第5章演習問題

[1] ボルト40本について，その長さ(単位cm)をはかったところ，次表の結果が得られた．

1	3.51	6	3.46	11	3.48	16	3.37	21	3.57	26	3.58	31	3.57	36	3.53
2	3.31	7	3.64	12	3.54	17	3.32	22	3.52	27	3.39	32	3.62	37	3.40
3	3.23	8	3.45	13	3.47	18	3.56	23	3.35	28	3.59	33	3.36	38	3.34
4	3.48	9	3.48	14	3.53	19	3.44	24	3.43	29	3.39	34	3.42	39	3.38
5	3.50	10	3.53	15	3.51	20	3.30	25	3.40	30	3.40	35	3.28	40	3.43

(i) 長さを$3.20\sim3.29$, $3.30\sim3.39$, $\cdots$, $3.60\sim3.69$の5つの階級にわけ，標識をそれぞれ3.25, 3.35, $\cdots$, 3.65として，度数分布表，ヒストグラムをつくれ．

(ii) ボルト全部の標本平均，および度数分布表からの標本平均はそれぞれいくらか．

(iii) 乱数表を使って，5本のボルトを非復元抽出し，その5本について標本平均，標本分散を計算せよ．

[2] 1から99までの数字が等しい確率ででる理想的な機械を母集団と考え，でた数字を確率変数とする．

(i) 母平均，母分散を求めよ．

(ii) 11のように，同じ数字が並ぶ割合(母比率)はいくらか．

(iii) この機械で5回数字を読みとって，その標本平均，標本分散を計算するという操作を何度も繰り返す．標本平均の期待値および分散はいくらか．また標本分散の期待値はいくらか．

[3] ある養鶏場で，毎日卵20個を無作為抽出してその重さの平均を測定していたところ，長い間に平均は「平均が$62.8\,\mathrm{g}$，分散が$(5.2\,\mathrm{g})^2$の分布」に従っていることがわかった．養鶏場で産み落とされる卵全体を母集団としたとき，その母平均，母分散はいくらか．

[4] ある会社で作った1000個の抵抗の抵抗値をすべて測定したところ，平均が$100.2\,\Omega$，標準偏差が$1.6\,\Omega$であった．この中から5個を無作為抽出したとき，その平均抵抗値が$99\,\Omega\sim101\,\Omega$の間にある確率を求めよ．

[5] あるハンバーガーショップのフライドポテトは1袋に平均32片入っているという. いまその店で25袋買ったところ, その平均は29.2片, 標準偏差は5.5片であった. こんなに少ないことは100回に1回も起こらないか.

[6] ある店で売っているビー玉は直径の平均が $1.2\,\mathrm{cm}$, 分散が $(0.3\,\mathrm{cm})^2$ の正規分布に従っている. いま4個買ったとき, 4個の直径の平均が $1.5\,\mathrm{cm}$ 以上である確率はいくらか.

[7] 自由度が4の χ^2 分布 $T_4(z)$ の値が最大になる z の値 z_0 はいくらか. また, この分布で $z > z_0$ となる確率はいくらか.

[8] 母平均が -2.6 である正規母集団から8個標本を無作為抽出したところ, 標本平均 -2.3, 標本分散 0.16 が得られた. このような結果が生じる確率は5%より小さいか.

[9] 自由度 $(2, 2)$ の F 分布 $f_{2,2}(x)$ を簡単な形に書きかえよ. また, その結果を用いて, $\int_t^\infty f_{2,2}(x)dx = \alpha$ となる t と α の関係式を積分を含まない形で示せ.

[10] 自由度1の t 分布 $f_1(t)$ を簡単な形に書きかえ, $\int_{-\infty}^\infty f_1(t)dt = 1$ となることを確かめよ.

Coffee Break

モンテカルロ法

コンピュータの発達によって乱数を比較的簡単に用いることができるようになった.「乱数を用いて数学の決定的な問題の処理を行なう」方法をモンテカルロ法という. 第2次世界大戦中, アメリカのフォン・ノイマンとウラムが, 中性子拡散の問題を扱うのに用いたのがこの方法のはじまりである. 名前は賭博で有名なモンテカルロに由来しているが, 戦争中の機密保持の暗号名であったという.

いま, $\int_0^1 x^2 dx$ の積分値をこの方法で計算してみよう. 図のような正方形の中に無作為に点を落とすことを考える. たとえば, 乱数表の1行目から2桁ずつ x の値(54のときは0.54と読む), 2行目から2桁ずつ y の値をとってきて, 図に書きこむ. 最初の25個の点で $x^2 > y$ となるものの数の割合を調べると, 9/25 =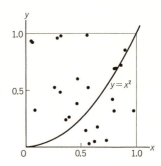
0.36 となる. これを定積分の近似値とするのである. さらに多くの乱数を用いると, この値は正解1/3に近づくことになる.

モンテカルロ法は, このような積分, 特に多重積分の計算や逆行列の計算などに威力を発揮しているが, 最近では「乱数を用いてコンピュータで数値計算する」方法というように広い意味で使われている.

推定と検定

標本から母集団の様子をおしはかる方法には，推定と検定の2つがある．母集団の特性値そのものを評価しようというのが推定であり，母集団分布についてある仮定をおき，その仮定が成り立つかどうかを判定しようというのが検定である．ともに，前章で学んだ母集団分布と標本分布の関係を利用する．

6-1 点推定

統計的推定　前章で学んだ母集団分布と標本分布の関係を利用すると,抽出した標本値にもとづいて,母集団の特性をおしはかることができる.標本値から母平均や母分散のような母数を推定しようというのが**統計的推定**(statistical estimation)である.

推定には,たとえば「母平均が〇〇である」というように1個の値を推定する**点推定**と,「母平均は〇〇と××の間にある」というように範囲を推定する**区間推定**がある.

点推定　5-3節で,標本平均 $\bar{X}$ や標本分散 S^2 のような統計量の期待値が母平均 μ や母分散 σ^2 であらわされることを見てきた.たとえば,(5.8)の関係 $E[\bar{X}]=\mu$ は,n 個の標本を抽出してその標本平均 $\bar{x}$ をつくると,$\bar{x}$ のもっとも期待される値は母平均 μ そのものであることを意味している.したがって,母平均 μ がわからないときに,標本値 $x_1, x_2, \cdots, x_n$ からその値を推定しようとすると,$\bar{x}$ を推定値とするのがもっともすなおな考え方である.

一般に,μ や σ^2 のような母数 θ が $\bar{X}$ や S^2 のような統計量 $\Theta=\Theta(X_1, X_2, \cdots, X_n)$ の期待値として推定されるとき,すなわち

$$\theta = E[\Theta] \tag{6.1}$$

のとき,Θ を母数 θ の**不偏推定量**という.不偏推定量の値はかたよりのない推定値というわけである.(5.8)から,

$$\boxed{母平均\,\mu\,の不偏推定量 = \bar{X}} \tag{6.2}$$

である.(5.13)の両辺に $n/(n-1)$ をかけると,$E[nS^2/(n-1)]=\sigma^2$ となるから,

$$\boxed{母分散\,\sigma^2\,の不偏推定量 = \frac{n}{n-1}S^2} \tag{6.3}$$

である.不偏推定量の値を実際に計算するには,$\bar{X}$ としては(5.1)の $\bar{x}$,S^2 と

しては(5.2)の s^2 を使えばよい．

例題6.1 ある店で買った10個のLLサイズの卵の重さ（単位g）を計ったところ，次の結果が得られた．

65.1, 67.5, 71.5, 68.4, 70.1, 72.2, 68.7, 69.3, 70.6, 67.1

LLサイズの卵全体を正規母集団と考え，これらの標本値から，母平均，母分散の不偏推定量を求めよ．

[解] 標本の大きさは10である．(5.1), (5.2)に従って $\bar{x}$, s^2 を計算すると，
$$\bar{x} = 69.05, \quad s^2 = 4.1845$$
母平均 μ の不偏推定量は $\bar{x}$ そのものだから 69.05 g，母分散 σ^2 の不偏推定量は (6.3) から $\frac{10}{9} \times 4.1845 = 4.649$ g^2 である．|

最尤推定 母数の点推定をするもう1つの方法に**最尤推定**がある．これは母集団分布の形がわかっているがその母数は未知であるときに，標本値からその母数を決めようというものである．いま，大きさ n の標本を無作為抽出して，その標本の値が $x_1, x_2, \cdots, x_n$ であったとする．これは母集団分布に従う確率変数 $X_1, X_2, \cdots, X_n$ がそれぞれ $x_1, x_2, \cdots, x_n$ の値をとったことを意味している．そこで，そのような値をとることはもっとも起こりやすいことであるという条件を用いて，未知母数を決定しようというわけである．

[例1] ポアソン母集団から大きさ3の独立な標本を無作為に抽出したとき，その値が x_1, x_2, x_3 であったとする．この標本値から母平均 μ を推定しよう．

標本値 x_1, x_2, x_3 は，母集団と同じポアソン分布に従い，かつ互いに独立な確率変数 X_1, X_2, X_3 がとった値であると考えられる．そのような値をとる確率 $P(X_1 = x_1, X_2 = x_2, X_3 = x_3)$ を L と書くことにする．X_1, X_2, X_3 が独立であることを用いると，(4.14)から

$$L = e^{-\mu}\frac{\mu^{x_1}}{x_1!} \cdot e^{-\mu}\frac{\mu^{x_2}}{x_2!} \cdot e^{-\mu}\frac{\mu^{x_3}}{x_3!} = e^{-3\mu}\frac{\mu^{x_1+x_2+x_3}}{x_1!x_2!x_3!} \tag{6.4}$$

となる．x_1, x_2, x_3 が与えられたとき，μ を変えてみて，この L が最大となるような μ を求めればよいわけである．x_1, x_2, x_3 は標本値として既知だから，μ の関数としての $L = L(\mu)$ は，

のときに最大となる.

$$\frac{dL}{d\mu} = -3e^{-3\mu}\frac{\mu^{x_1+x_2+x_3}}{x_1!x_2!x_3!} + (x_1+x_2+x_3)e^{-3\mu}\frac{\mu^{x_1+x_2+x_3-1}}{x_1!x_2!x_3!}$$

$$= -3L + \mu^{-1}(x_1+x_2+x_3)L = \frac{L}{\mu}(-3\mu+x_1+x_2+x_3) = 0$$

より,

$$\mu = \frac{1}{3}(x_1+x_2+x_3)$$

が母平均の推定値である. この値は標本平均 $\bar{x}$ に他ならない. この結果は一般の n 個の標本に対しても成り立つ. ∎

このようにして得られた推定値を**最尤推定量**といい, 推定値を得るために考えた関数 L を**尤度関数**という. 最尤推定量と不偏推定量は一致するときもあるが, 一般には一致しない. 広辞苑によれば, 尤とは「甚だすぐれていること」とあるから, この推定量はもっともすぐれたものというわけであるが, 不偏推定量とどちらがいいかというのはまた別の問題である.

ポアソン分布は離散分布であった. 連続分布の場合もやはり確率密度を用いて L をつくればよい.

例題 6.2 $N(\mu, \sigma^2)$ に従う正規母集団から, 大きさ n の独立な標本を無作為抽出したところ, その標本値が $x_1, x_2, \cdots, x_n$ であった. 母分散 σ^2 が既知のときの母平均 μ の最尤推定量を求めよ.

[解] $N(\mu, \sigma^2)$ の確率密度は (4.23) から

$$f(x) = \frac{1}{\sqrt{2\pi}\,\sigma}\exp\left\{-\frac{(x-\mu)^2}{2\sigma^2}\right\}$$

である. n 個の標本は互いに独立なので, $f(x_1), f(x_2), \cdots, f(x_n)$ の積をとって

$$L = \left(\frac{1}{\sqrt{2\pi}\,\sigma}\right)^n \exp\left\{-\frac{(x_1-\mu)^2+(x_2-\mu)^2+\cdots+(x_n-\mu)^2}{2\sigma^2}\right\}$$

とすればよい. $x_1, x_2, \cdots, x_n, \sigma^2$ は既知だから, $dL/d\mu = 0$ となる μ が母平均の

最尤推定量である．

$$\frac{dL}{d\mu} = -\frac{1}{2\sigma^2}\{2(\mu-x_1)+2(\mu-x_2)+\cdots+2(\mu-x_n)\}L$$

$$= -\frac{1}{\sigma^2}\{n\mu-(x_1+x_2+\cdots+x_n)\}L = 0$$

したがって，

$$\mu = \frac{1}{n}(x_1+x_2+\cdots+x_n) = \bar{x}$$

が最尤推定量となる．すなわち，母分散がわかっているときの母平均の最尤推定量は不偏推定量(6.2)に等しい．

―――――――――――――――― 問 題 6-1 ――――――――――――――――

1. ある母集団から大きさ7の標本を無作為抽出したとき，標本平均が -2.0，標本分散が 0.72 であった．母平均，母分散の不偏推定量を求めよ．

2. $N(\mu, \sigma^2)$ に従う正規母集団から3個の標本 x_1, x_2, x_3 を無作為抽出した．母平均 μ が既知のときの，母分散 σ^2 の最尤推定量を求めよ．

6-2 区間推定

区間推定 点推定によって得られた母集団の母数の推定量は，あくまで近似値であって，真の値ではない．前節の例題6.1の卵の母平均は本当に 69.05 g かと聞かれたら，確実にそうだとはいえない．まあその程度だろうといえるだけである．もともと標本の確率分布にもとづいていたのだから，点推定で推定量を求めるよりも，「○○％の確率で母平均はこれこれの範囲にある」といった方が合理的である．このように範囲を推定する方法を**区間推定**という．

実際には区間推定は次のように行なう．まず，99％ とか 95％ のように1に近い確率 γ を選ぶ．そして，2つの値 Θ_1 と Θ_2 を，未知母数 θ が $\Theta_1<\theta<\Theta_2$ となる確率が γ となるように標本値から決定する．このように選んだ γ を**信頼水**

準 (confidence level) または**信頼率**, Θ_1, Θ_2 を**信頼限界**, 区間 (Θ_1, Θ_2) を**信頼区間**という.

区間推定を行なうには, 5-4, 5-5 節の母集団分布と標本分布の関係を利用するが, 母集団分布について何がわかっており, どういう未知母数を考えるかによって, 使う標本分布が異なる.

母分散が既知のときの母平均の推定　正規母集団から大きさ n の標本を無作為抽出して, 標本平均 $\bar{X}$ をつくったとする. 母分散が分かっているときに, 母平均の信頼区間を信頼水準 γ で推定しよう.

命題 5-1 から, 標本平均 $\bar{X}$ は $N(\mu, \sigma^2/n)$ に従う. 標準化変換 (4.31) をほどこすと, $Z=(\bar{X}-\mu)/(\sigma/\sqrt{n})$ は $N(0,1)$ に従う. $N(0,1)$ は図 6-1 の形をしているから, $z=0$ を中心に陰影部の面積が γ になるような z_1 がわかれば, μ の信頼区間は $-z_1 < Z = \dfrac{\sqrt{n}}{\sigma}(\bar{X}-\mu) < z_1$ から決まる. 不等式を書きかえて,

$$\bar{X} - \frac{\sigma}{\sqrt{n}} z_1 < \mu < \bar{X} + \frac{\sigma}{\sqrt{n}} z_1 \tag{6.6}$$

が求める信頼区間である.

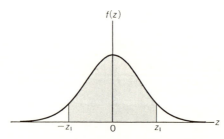

図 6-1　正規分布を用いた母平均の推定
陰影部の面積が γ になるように z_1 の値を求める.

例題 6.3　例題 6.1 の卵の標本値から, 母平均の信頼区間を信頼水準 95% で推定せよ. ただし, 母分散は $\sigma^2=4.0$ であることがわかっているとする.

[解]　(6.6) を使えばよい. $\gamma=95\%$ となるのは附表 2 で $\alpha=0.05$ のときだから, $z_1=1.960$ である. $n=10$, $\bar{X}=69.05$, $\sigma=\sqrt{4.0}=2.0$ を代入して

$$69.05 - \frac{2.0}{\sqrt{10}} \times 1.960 < \mu < 69.05 + \frac{2.0}{\sqrt{10}} \times 1.960$$

[答]　$67.8 < \mu < 70.3$　∎

　例題 6.3 で信頼水準を 90% とすると，$z_1 = 1.645$ であり，信頼区間は $68.0 < \mu < 70.1$ と狭くなる．信頼区間が狭くなったといって喜んではいけない．信頼水準が減った分だけ不確実さが増しているからである．区間推定では信頼水準をどうとるかが結果に大きな影響を与える．

　母分散が未知のときの母平均の推定　大きさ n の標本からつくった標本平均 $\bar{X}$ をもとにして，母平均を区間推定するとき，母分散がわからなければ (6.6) は使えない．なぜなら，信頼限界の中に未知の σ がはいっているからである．そこで，5-5 節で示した別の命題を使う．

　命題 5-7 によれば，標本平均 $\bar{X}$，標本分散 S^2 に対して，$X = (n-1)(\bar{X} - \mu)^2 / S^2$ は自由度 $(1, n-1)$ の F 分布に従う．$f_{1, n-1}(x)$ は図 6-2 のような形だから，陰影部の面積が γ になるような x_1 の値がわかれば，μ の信頼区間は $x_1 > X = (n-1)(\bar{X} - \mu)^2 / S^2$ から決まる．不等式を書きかえて，

$$\bar{X} - \frac{S\sqrt{x_1}}{\sqrt{n-1}} < \mu < \bar{X} + \frac{S\sqrt{x_1}}{\sqrt{n-1}} \tag{6.7}$$

が求める信頼区間である．

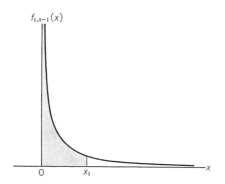

図 6-2　F 分布を用いた母平均の推定
陰影部の面積が γ になるように x_1 の値を求める．

5-5節で述べたように,自由度 $(1, n-1)$ の F 分布は自由度 $n-1$ の t 分布でおきかえられるから, t 分布でも母平均の推定ができる.命題5-7の代りに命題5-9を使えばよいのである. t 分布は図6-3のような形をしているから,陰影部の面積が γ となる t_1 の値がわかれば, μ の信頼区間は $-t_1 < \frac{\sqrt{n-1}}{S}(\bar{X}-\mu) < t_1$ から決まる.不等式を書きかえて,

$$\bar{X} - \frac{St_1}{\sqrt{n-1}} < \mu < \bar{X} + \frac{St_1}{\sqrt{n-1}} \tag{6.8}$$

が求める信頼区間である.

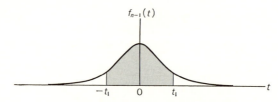

図6-3 t 分布を用いた母平均の推定
陰影部の面積が γ となる t_1 の値を求める.

例題6.4 やはり,例題6.1の卵の標本値から,母平均の信頼区間を信頼率95%で推定せよ.ただし母分散値は分からないとする.

[解] まず F 分布による場合を考えよう.このときは(6.7)を使う.標本の大きさは $n=10$ であるから,自由度 $(1,9)$ の F 分布をみる. $\gamma=95\%$ となるのは附表4で $\alpha=0.05$ のときだから $x_1=5.12$ である. $\bar{X}=69.05$, $S^2=4.1845$ を代入して,

$$69.05 - \sqrt{\frac{5.12 \times 4.1845}{9}} < \mu < 69.05 + \sqrt{\frac{5.12 \times 4.1845}{9}}$$

[答] $67.5 < \mu < 70.6$

つぎに t 分布による場合を考える.このときは(6.8)を使う.自由度9の t 分布で $\gamma=95\%$ となるのは附表6から $\alpha=0.05$ のときであり, $t_1=2.262$ である. $t_1=\sqrt{x_1}$ となっているから,当然同じ結果が得られる.∎

母分散の推定　正規母集団から大きさ n の標本を無作為抽出したときの標本分散から母分散を信頼水準 γ で区間推定する.

命題5-4から, $Z=nS^2/\sigma^2$ は自由度 $n-1$ の χ^2 分布に従っている. $n \geq 3$ のとき $T_{n-1}(x)$ は図6-4のような形をしているから, 陰影部の面積が γ になるように, x_1, x_2 をとればよい. $0<x<x_1$ の部分の面積, $x_2<x$ の部分の面積がそれぞれ $(1-\gamma)/2$ になるようにするのである. すると, σ^2 の信頼区間は $x_1<nS^2/\sigma^2<x_2$ から決まる. 不等式を書きかえて,

$$\frac{nS^2}{x_2} < \sigma^2 < \frac{nS^2}{x_1} \tag{6.9}$$

が求める信頼区間である.

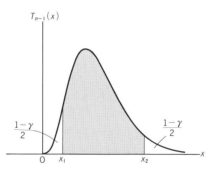

図6-4　χ^2 分布を用いた母分散の推定
陰影部の面積が γ になるような x_1, x_2 の値を求める.

例題6.5　またまた例題6.1の卵の標本値から, 母分散の信頼区間を信頼率95%で推定せよ.

[解]　(6.9)を使う. $n=10$ だから自由度9の χ^2 分布をみる. $\gamma=95\%$ に対して $(1-\gamma)/2=0.025$ だから, 附表3から $\alpha=0.025$ となる x_2 の値は19.02, $1-\alpha=0.975$ となる x_1 の値は2.70である. $S^2=4.1845$ を代入して

$$\frac{10 \times 4.1845}{19.02} < \sigma^2 < \frac{10 \times 4.1845}{2.70}$$

[答]　$2.2<\sigma^2<15.5$

144 ── **6** 推定と検定

━━━━━━━━━━━━━━━ 問 題 6-2 ━━━━━━━━━━━━━━━

1. 友人から送ってもらった夏みかん 16 個について，その重さを測定したところ，平均が $\bar{X}=152$ g，分散が $S^2=(34.2 \text{ g})^2$ であった．この 16 個の夏みかんを，ある正規分布に従っている母集団からの標本と考えたとき，信頼水準 99% で以下の量の区間推定を行なえ．
 （ⅰ）母分散が $\sigma^2=(28.6 \text{ g})^2$ とわかっているときの母平均値．
 （ⅱ）母分散がわからないときの母平均値．

2. 買ってきたカセットテープ 10 巻について，テープで録音できる時間を測ったところ，次の結果を得た（単位秒）．
  1447, 1443, 1442, 1438, 1448, 1449, 1423, 1439, 1472, 1428
これらのテープがある正規母集団からの標本であるとしたとき，信頼水準 95% で録音時間の母平均値および母分散値を推定せよ．

6-3 仮説と検定

検 定 推定は母集団から抽出した標本をもとにして，「母平均が○○と××の間にあるだろう」というように未知の母数についての予想をするものであった．逆に，「母平均は△△である」というような仮定を最初におき，その仮定が正しいか正しくないかを標本をもとにして判断しようというのが **検定**(test)である．

統計的仮説 推定と同じように，検定の場合も，仮定が絶対(100%)正しいとはいえない．ある規準を設けて，その規準のもとでの仮定の真偽を議論するのである．

母集団の分布についての何らかの仮定を **統計的仮説**(statistical hypothesis)といい，H で表わす．H は hypothesis の頭文字である．たてた仮説を **採択** する(正しいとみなす)か **棄却** する(正しくないとみなす)かを，標本をもとに判断する規準を **危険率** または **有意水準** といい，α で表わす．通常 α としては 1% あ

るいは 5% をとる．

1つの統計的仮説のもとで，ある事象の起こる確率が α 以下であるとする．つまり，その事象はあまり起こらないのである．ところが，標本値をもとに計算した結果，その事象が起こることになる場合には，あまり起こらないことが実現したので，仮説が正しくなかったと判断し，仮説を棄却する．逆に，その事象が起こらないことになる場合には，仮説が正しかったと判断し，仮説を採択する．

[例1] A 村の畑でとれる大根の長さはほぼ図 6-5 のような分布をしており，長さが 70 cm 以上のものは 5%，80 cm 以上のものは 1% であることが知られている．いま，ある八百屋で大根を 1 本買ったら 75 cm あった．この大根が A 村の畑でとれた大根であるかどうかを検定しよう．

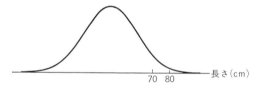

図 6-5　大根の長さの分布
長さが 80 cm 以上の確率は 1%，70 cm 以上の確率は 5% である．

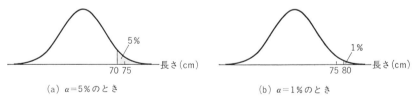

(a) $\alpha=5\%$ のとき　　　　(b) $\alpha=1\%$ のとき
図 6-6　棄却域(陰影部分)と採択域(その他の部分)
(a) 長さ 75 cm の大根は棄却域にある．(b) 長さ 75 cm の大根は採択域にある．

まず統計的仮説として，H_0:「この大根は A 村の畑でとれた」をたてる．危険率を 5% とすると，もし大根が 70 cm 以上なら H_0 は棄却され，70 cm 以下だと採択される．問題の大根は 75 cm だから H_0 は棄却される．すなわち，この大根は A 村の畑でとれたものでないといっても，間違っている危険性は 5%

しかない．95％正しいのである．

しかし，危険率を1％とすると，H_0 は採択される（棄却されない）．すなわち，A村の畑でとれた大根であるということを否定できない．

帰無仮説 例1で危険率5％のときのように，仮説が棄却できる**場合は，大根がよその畑でとれたものであると**(5％程度間違っているかもしれないが）はっきり主張できる．しかし，危険率1％のときのように採択された**場合**はどうだろうか．A村の畑の大根であると主張できるであろうか．実際問題として，大根はいろいろな地域で作られており，八百屋がどこから仕入れているかの情報もないのに，75 cm の大きな大根をみて，これはA村の大根であるといえるわけはないであろう．

仮説が採択されることは，「仮説が正しい」ことではない．「仮説が正しくないとはいえない」ことを意味するのである．二重否定であって，肯定とは異なることに注意しよう．教師が学生に向かって「単位をあげる」というのと「単位をあげないとはいわない」というのは違うのである．後者は何もいっていないのと同じである．したがって，仮説が採択されたときには，それだけで仮説が正しいか正しくないかの結論を出すことはできない．

このような理由で，仮説は棄却されるときに意味をもつことになり，これを**帰無仮説**という．棄却されなければ仮説は無に帰する，すなわち無意味になるのである．

対立仮説 例1のような仮説検定を行なうとき，H_0 が正しいにもかかわらず棄却してしまうことが当然起こる．75 cm の大根でもA村のものである可能性があるのにそうでないというのである．これを**第1種の誤り**という．この誤りをおかす確率が危険率 α である．

一方，仮説 H_0 とは別の仮説 H_1 をたてたとき，H_1 が正しいのに H_0 を採択してしまう誤りもある．たとえば，大根がA村のものとB村のものの2種類しかない場合に，仮説 H_1 として「B村の大根である」をたてたとする．もし65 cm の大根があれば，危険率5％でも H_0 は採択されるが，その大根はB村のものである可能性もあるのである．このように，H_1 が正しいのに H_0 を採

択してしまう誤りを**第2種の誤り**という．また，別にたてた仮説のことを**対立仮説**という．

片側検定と両側検定 帰無仮説を検定するとき，常に対立仮説の存在を仮定する．どのような対立仮説をたてるかは問題によって異なる．

たとえば，帰無仮説 H_0 が「母平均 $\mu=2.0$ である」という場合に，対立仮説 H_1 として，「$\mu>2.0$」とか「$\mu<2.0$」とかをおくのを**片側検定**という．また，「$\mu\neq2.0$」のように単に H_0 の否定をおくのを**両側検定**という．例1のように，対立仮説を特に示さないときは，両側検定すなわち帰無仮説の否定を対立仮説とするのが普通である．

例題6.6 サイコロを400回振ったとき224回偶数目がでた．
(1) このサイコロはまともなサイコロといえるか，
(2) このサイコロは偶数目がでやすいサイコロであるといえるか
を危険率5％および1％で検定せよ．

［解］(1) 帰無仮説として，H_0：「サイコロはまともである（偶数目のでる確率 $p=1/2$）」をたてる．まともであるかどうかだけを問題としているから，対立仮説として，H_1：「$p\neq1/2$」をとる．したがって両側検定である．

仮説 H_0 のもとで，サイコロの偶数目のでる回数を X とすると，X は $n=400$，$p=1/2$ の2項分布 $Bin(400,1/2)$ に従う．n が大きいから正規分布で近似する．$\mu=np=200$，$\sigma^2=np(1-p)=400\times(1/2)\times(1/2)=100=10^2$ であるから，$Z=(X-\mu)/\sigma=(X-200)/10$ の変換をすると，Z は $N(0,1)$ に従う．$X=224$ のとき，$Z=(224-200)/10=2.4$ である．

危険率が5％のとき，正規分布の両側の端の面積の和が5％になる Z の値を附表2から調べると1.96である．1.96<2.4だから，この標本値は棄却域にある．仮説 H_0 のもとで，起こりにくい事象が起こったのだから，H_0 は棄却できる．すなわち，危険率5％ではサイコロはまともであるとはいえない．

危険率が1％のとき，図6-7のように $Z=2.4$ は採択域にある．仮説 H_0 のもとで起こってもおかしくないことが起こったのだから H_0 は棄却できない．すなわち，危険率1％ではサイコロはまともでないとはいえない（何もいえない）．

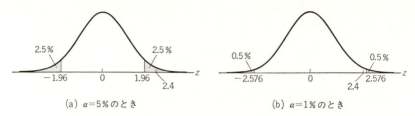

(a) $\alpha=5\%$ のとき　　　(b) $\alpha=1\%$ のとき

図 6-7　両 側 検 定
(a) $Z=2.4$ は棄却域にある．(b) $Z=2.4$ は採択域にある．

(2) 帰無仮説 H_0 は(1)と同じであるが，対立仮説としては，H_1：「$p>1/2$」ととる．H_0 の棄却が H_1 の採択，すなわち偶数目がでやすい，と同じ意味になるようにしたいからである．この場合，H_0 の棄却域は $p>1/2$ すなわち図 6-8 のように正規分布の右側の方にとるのが合理的である．

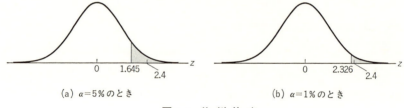

(a) $\alpha=5\%$ のとき　　　(b) $\alpha=1\%$ のとき

図 6-8　片 側 検 定
(a), (b) $Z=2.4$ はともに棄却域にある．

危険率が 5% のときも 1% のときも，$Z=2.4$ は棄却域にある．したがって，H_0 は棄却され，危険率 1% でも，サイコロは偶数目がでやすいといえることになる．

------- 問　題 6-3 -------

1. 硬貨を 4 回投げたら 4 回とも表が出た．この硬貨は表が出やすいといえるか．また，5 回投げて 5 回とも表が出た場合はどうか．（危険率 5% で考えよ．）

2. 2 つの箱の中に碁石がたくさん入っている．一方の箱の白石と黒石の割合は 1：1 であり，他方の箱の白石と黒石の割合は 1：2 である．いま，1 つの箱を選んで，その中から 6 個の碁石を復元抽出する．とった白石の数によって，帰無仮説

H_0：「その箱の白石と黒石の割合は1:1である」を検定する．
 （i） 対立仮説 H_1 は何か．
 （ii） 危険率を20%とするとき，棄却域はいくらか．また，第2種の誤りをおかす確率はいくらか．

6-4 母数の検定

母数の検定 標本分布にもとづいて，母平均や母分散についての検定を行なうのが**母数の検定**である．区間推定の場合と同様に，正規母集団に対して，母集団分布と標本分布の関係を利用したいくつかの具体例をあげる．対立仮説としては，特に示さないかぎり，帰無仮説の否定をとることにする．

母分散が既知のときの母平均に関する検定 母集団から抽出した大きさ n の標本からつくった標本平均 $\bar{X}$ をもとにして，仮説 H_0：「母平均 $\mu=○○$」を検定する．

母平均の推定と同様に，命題5-1を使う．$\bar{X}$ は $N(\mu, \sigma^2/n)$ に従うから，$Z=(\bar{X}-\mu)/(\sigma/\sqrt{n})$ は $N(0,1)$ に従う．危険率 α に対して Z の値が棄却域にあれば，H_0 を棄却する．

例題6.7 ある大学のバスケットボール部の男子部員25名の身長を調べたところ，平均172.7 cm であった．同年代の全国の成年男子の身長の平均は170.8 cm，標準偏差は5.7 cm の正規分布に従っているとして，バスケットボール部員の身長の平均が全国平均とくらべてかけはなれているかどうか，危険率5%で検定せよ．

［解］ 帰無仮説 H_0：「$\mu=170.8$」をとる．$\bar{X}=172.7$，$\mu=170.8$，$\sigma=5.7$，$n=25$ を代入して，$Z=(172.7-170.8)/(5.7/\sqrt{25})=1.67$．附表2より，危険率5%のときの棄却域は図6-7(a)の陰影部になる．1.67は採択域にあるので H_0 は棄却できない．すなわち，部員の平均身長は全国平均からかけはなれているとはいえない．

母分散が未知のときの母平均に関する検定　標本平均 $\bar{X}$, 標本分散 S^2 をもとにして，仮説 H_0:「母平均＝○○」を検定する．

母分散がわからないので，命題 5-7 か命題 5-9 を使う．どちらでも結果は同じである．ここでは後者の t 分布による検定を行なう．この検定は，よく用いられるもので，**t 検定**と呼ばれている．

大きさ n の標本から計算した $T=\sqrt{n-1}(\bar{X}-\mu)/S$ は自由度 $n-1$ の t 分布に従う．危険率 α に対して，T の値が棄却域にあれば H_0 を棄却する．

例題 6.8　ラグビーのスパイクシューズにつけるポイントの高さはT社の規格で 17.00 mm となっている．T社製の 15 個のポイントの高さを測ったところ，平均 16.94 mm，標準偏差 0.10 mm であった．この標本平均は規格からずれているかどうか，危険率 5% で検定せよ．

［解］帰無仮説 H_0:「$\mu=17.00$」をとる．$\bar{X}=16.94$, $\mu=17.00$, $S=0.10$, $n=15$ を代入して，$T=\sqrt{14}(16.94-17.00)/0.10=-2.24$．図 6-9 のように，危険率 5% のとき -2.24 は棄却域にあり，仮説 H_0 を棄却する．すなわち，ポイントは規格に合っているとはいえない．∎

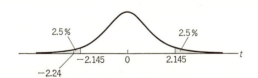

図 6-9　t 検定
自由度 14 の t 分布で $\alpha=5\%$ の両側検定では陰影部が棄却域である．

母分散に関する検定　標本分散 S^2 をもとにして，仮説 H_0:「母分散＝○○」を検定するもので，命題 5-4 が使える．

大きさ n の標本から計算した $Z=nS^2/\sigma^2$ は自由度 $n-1$ の χ^2 分布に従う．危険率 α に対して，Z の値が棄却域にあれば H_0 を棄却する．

例題 6.9　例題 6.8 のポイントについて，T社の規格では，標準偏差は 0.08 mm より小さいとしている．標本のポイントの標準偏差はこの規格からずれているかどうか，危険率 1% で検定せよ．

[解] 帰無仮説 H_0:「$\sigma^2=(0.08)^2$」をとる. この問題では対立仮説としては H_1:「$\sigma^2>(0.08)^2$」が妥当である. なぜならポイントはできるだけばらついていない方がよいからである.

$S=0.10$, $\sigma=0.08$, $n=15$ を代入して $Z=15\times(0.10)^2/(0.08)^2=23.4$. 片側検定であり, 危険率 1% のときの棄却域は附表 3 から自由度 $15-1=14$ の χ^2 分布をみて図 6-10 のようになる. $23.4<29.14$ だから, H_0 は棄却されない. すなわち, このポイントは規格からずれているとはいえない. ▮

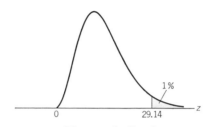

図 6-10 χ^2 検 定
自由度 14 の χ^2 分布で $\alpha=1\%$ の片側検定では陰影部が棄却域である.

2つの母集団の分散の比に関する検定 2つの正規母集団から抽出した標本分散をもとにして, 仮説 H_0:「2つの母集団の母分散は等しい」を検定する.

母分散が等しいときは, 命題 5-6 が成り立ち, 1 つの母集団から大きさ m の標本を抽出して標本分散 S_x^2 をつくり, 他の母集団から大きさ n の標本を抽出して標本分散 S_y^2 をつくったとき, $X=m(n-1)S_x^2/n(m-1)S_y^2$ は, 自由度が $(m-1, n-1)$ の F 分布に従っている. 危険率 α に対して, X の値が棄却域にあれば, H_0 を棄却する.

例題 6.10 A 君の家から大学までのバイクによる所要時間は 31 回の通学について, 平均 263 秒, 標準偏差 29 秒であった. しかしあるときスピード違反でつかまり, 以後注意して走ったところ, 11 回の通学について, 平均 286 秒, 標準偏差 24 秒となった. 両方の場合とも所要時間は正規分布に従うとして, 母分散は等しいといえるかどうか, 危険率 2% で検定せよ.

[解] 帰無仮説 H_0:「母分散は等しい」をとる. $m=31$, $S_x=29$, $n=11$, S_y

$=24$ を代入して,$X=31\times10\times(29)^2/11\times30\times(24)^2=1.37$. 危険率 2% のときの棄却域は,自由度 $(30, 10)$ の F 分布の値から,図 6-11 のようになる. なお,図の右側の棄却域と採択域とを区別する値 4.25 は附表 5 にあるが,左側の値 0.34 は附表 5 の脚注により,$m=10, n=30$ のときの値 2.98 の逆数をとっていることに注意しよう.$X=1.37$ は採択域にあるから H_0 は棄却されない. すなわち,母分散は等しくないとはいえない.

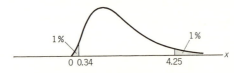

図 6-11　F 検 定
自由度 $(30, 10)$ の F 分布で $\alpha=2\%$ の両側検定では陰影部が棄却域である.

母分散が既知のときの 2 つの母集団の平均の差に関する検定　2 つの正規母集団から抽出した標本の標本平均をもとにして,母平均の差についての仮説の検定を行なう.

$N(\mu_x, \sigma_x^2)$ に従う母集団から大きさ m の標本を抽出したときの標本平均を $\bar{X}$,また $N(\mu_y, \sigma_y^2)$ に従う母集団から大きさ n の標本を抽出したときの標本平均を $\bar{Y}$ とする. 命題 5-1 より,$\bar{X}$ は $N(\mu_x, \sigma_x^2/m)$,$\bar{Y}$ は $N(\mu_y, \sigma_y^2/n)$ に従うので,正規分布の重ね合せの性質を使うと,$\bar{X}-\bar{Y}$ は $N(\mu_x-\mu_y, \sigma_x^2/m+\sigma_y^2/n)$ に従う. 標準化変換 (4.31) をほどこすと,$Z=\{(\bar{X}-\bar{Y})-(\mu_x-\mu_y)\}/\sqrt{\sigma_x^2/m+\sigma_y^2/n}$ は $N(0, 1)$ に従うことになる. この結果を使って,2 つの正規母集団の母平均の差について,仮説 H_0:「$\mu_x-\mu_y=\bigcirc\bigcirc$」の検定を行なうことができる.

例題 6.11　粉薬を 2000 mg 入りの袋に詰める機械が 2 台ある. 経験によれば,詰めた薬の内容量の標準偏差はそれぞれ 20 mg,15 mg であることがわかっている. いまそれぞれの機械で 50 袋ずつ詰めたとき,一方の機械による内容量の平均は 2001 mg,他方の機械による内容量の平均は 1987 mg であった. 2 つの機械で詰められる薬の内容量の平均は等しいかどうか,危険率 1% で検定せよ.

[解] 帰無仮説 H_0:「$\mu_x-\mu_y=0$」をとる．$\overline{X}=2001$，$\overline{Y}=1987$，$\mu_x-\mu_y=0$，$\sigma_x=20$，$\sigma_y=15$，$m=n=50$ を代入して，$Z=(2001-1987)/\sqrt{(20)^2/50+(15)^2/50}=3.96$．危険率 1% の棄却域は図 6-7(b) の陰影部である．3.96 は棄却域にあり，H_0 は棄却される．すなわち，2 つの機械で詰められた薬の内容量の平均は等しいとはいえない．

同じ未知の母分散をもつ 2 つの母集団の平均の差に関する検定 母分散が未知のときに，母平均の差についての検定をしようとすると，例題 6.11 のように正規分布は使えない．しかし，母分散が等しいことがわかっているときには，命題 5-10 を用いることができる．

2 つの正規母集団からそれぞれ大きさ m, n の標本を抽出し，標本平均 $\overline{X}, \overline{Y}$，標本分散 S_x^2, S_y^2 をつくるとき，2 つの母分散が等しければ，命題 5-10 より，

$$T=\frac{\sqrt{m+n-2}\{(\overline{X}-\overline{Y})-(\mu_x-\mu_y)\}}{\sqrt{(1/m+1/n)(mS_x^2+nS_y^2)}}$$

は自由度 $m+n-2$ の t 分布に従うことになる．危険率 α に対して，T が棄却域にあれば，仮説 H_0:「$\mu_x-\mu_y=$○○」を棄却する．

例題 6.12 例題 6-10 の通学の所要時間のデータについて，スピード違反の後，所要時間は長くなったと考えられるか．危険率 5% で検定せよ．

[解] 母分散が等しいかどうかわからない．しかし，例題 6-10 の結果から，等しくないとはいえないので，等分散を仮定して検定を行なう．

違反前の母平均を μ_x，違反後の母平均を μ_y とし，帰無仮説 H_0:「$\mu_x-\mu_y=0$」をとる．所要時間が長くなったかどうかを問題としているので，対立仮説としては H_1:「$\mu_x-\mu_y<0$」が妥当である．$\overline{X}=263$，$\overline{Y}=286$，$\mu_x-\mu_y=0$，$m=31$，$n=11$，$S_x=29$，$S_y=24$ を代入して

$$T=\frac{\sqrt{31+11-2}(263-286)}{\sqrt{(1/31+1/11)(31\times29^2+11\times24^2)}}=-2.30$$

片側検定であるから，危険率 5% のときの棄却域は，自由度 $31+11-2=40$ の t 分布の値から図 6-12 のようになる．-2.30 は棄却域にあるので仮説を棄却する．すなわち，所要時間は長くなったといえる．

図 6-12 t 分布の片側検定
自由度 40 の t 分布で $\alpha=5\%$ の片側検定では陰影部が棄却域である.

━━━━━━━━━━━━ 問 題 6-4 ━━━━━━━━━━━━

1. 排気量 1800 cc として販売されている自動車 20 台について実際の排気量を調べたところ，平均 1811 cc，標準偏差 19.7 cc であった．排気量は正規分布に従うとして，次の場合に標本平均が公称の 1800 cc からずれているかどうか，危険率 5% で検定せよ．
 （ⅰ）排気量の母標準偏差が 15.0 cc であることがわかっている場合．
 （ⅱ）排気量の母標準偏差がわからない場合．

2. 問題 6-2 問 2 のテープは規格では標準偏差が 10 秒以下となっている．買ってきたテープ 10 巻の標準偏差はこの規格からずれているかどうか，危険率 5% で検定せよ．

3. ある製品を作っている工場で，午前中に作った製品から 8 個とり出して強度を調べたら，平均 12.3 kg 重，分散 1.9 (kg 重)² であった．また午後に作った製品から 10 個とり出して強度を調べたら，平均 13.8 kg 重，分散 1.4 (kg 重)² であった．
 （ⅰ）午前と午後の製品の分散は等しいといえるか，危険率 2% で検定せよ．
 （ⅱ）午後の製品の方が午前の製品のものより強いといえるかどうか，危険率 5% で検定せよ．

6-5 適合度と独立性の検定

期待度数と観測度数 いま，青，黄，赤の 3 色の球がそれぞれ 200 個，300 個，500 個入っている箱を考える．その箱から 1 個球をとり出すと，それが青である確率は 200/1000=0.2，黄である確率は 300/1000=0.3，赤である確率は 500/1000=0.5 である．この球全体を母集団とみなして，50 個の球を無作為抽

出すると，もっとも期待される個数は青球が $0.2\times 50=10$ 個，黄球が $0.3\times 50=15$ 個，赤球が $0.5\times 50=25$ 個であるだろう．しかし，実際の抽出では青球が13個，黄球が14個，赤球が23個であったりするのである．

一般に，母集団が互いに排反な n 個のクラス $A_1, A_2, \cdots, A_n$ に分けられており，ある個体が各クラスに属する確率は $p_1, p_2, \cdots, p_n$ であることがわかっているとする．ただし，$p_1+p_2+\cdots+p_n=1$ である．この母集団から大きさ N の標本を抽出したとき，各クラスに属する個体の数は $p_1N, p_2N, \cdots, p_nN$ と期待される．これを**期待度数**という．一方，抽出した標本で実際に各クラスに入っている個体の数を $x_1, x_2, \cdots, x_n$ とすると $x_1+x_2+\cdots+x_n=N$ である．この観測した個体の数を**観測度数**という．観測度数を理論から決まる期待度数と比較しようというのが**適合度の検定**である．

[例1] メンデルの法則に従えば，3:2:2:1 の割合で生じることが理論的にわかっている草花の遺伝的形質が，240本の観察例で 87:66:55:32 であったとする．この場合，母集団は4つのクラス A_1, A_2, A_3, A_4 に分けられ，各クラスに個体が属する確率は $p_1=3/8, p_2=p_3=1/4, p_4=1/8$ である．したがって期待度数は，たとえば $p_1N=(3/8)\times 240=90$ のように求まる．期待度数と観測度数を表にすると，表6-1のようになる．

表6-1 期待度数と観測度数

クラス	A_1	A_2	A_3	A_4	合計
期待度数	90	60	60	30	240
観測度数	87	66	55	32	240

多項分布の極限 クラス分けされた母集団は，4-2節で示した多項分布に従っており，無作為抽出した N 個の標本の観測度数 $x_1, x_2, \cdots, x_n$ の確率分布は，(4.16)より，

$$f(x_1, x_2, \cdots, x_n) = \frac{N!}{x_1!x_2!\cdots x_n!}p_1^{x_1}p_2^{x_2}\cdots p_n^{x_n}$$

$$(x_1+x_2+\cdots+x_n=N) \qquad (6.10)$$

で与えられる．

2項分布 $Bin(n, p)$ を, $n \gg 1$ のとき正規分布 $N(np, np(1-p))$ で近似したように, 多項分布の N が大きいときの近似分布を考えることができる. (6.10) で, $t_i = (x_i - p_i N)/\sqrt{N}$ $(i = 1, 2, \cdots, n)$ の変換をほどこし, 4-3節と同じような計算を行なえば, $N \gg 1$ のとき $t_1, t_2, \cdots, t_n$ の従う分布 $g(t_1, t_2, \cdots, t_n)$ は,

$$g(t_1, t_2, \cdots, t_n) = \frac{1}{(2\pi)^{(n-1)/2}} \frac{1}{(p_1 p_2 \cdots p_n)^{1/2}} \exp\left[-\frac{1}{2}\left(\frac{t_1^2}{p_1} + \frac{t_2^2}{p_2} + \cdots + \frac{t_n^2}{p_n}\right)\right]$$

となる. これは正規分布の積の形をしており, (5.15)を示したのと同様にして, $t_1^2/p_1 + t_2^2/p_2 + \cdots + t_n^2/p_n$ が自由度 $n-1$ の χ^2 分布に従うことが示せる. ただし, $x_1 + x_2 + \cdots + x_n = N$ の拘束条件があるので自由度が1つ減っていることを注意しておく. 結局, 次の命題が成り立つ.

> **命題 6-1** N が大きいとき, 多項分布(6.10)で
> $$X = \frac{(x_1 - p_1 N)^2}{p_1 N} + \frac{(x_2 - p_2 N)^2}{p_2 N} + \cdots + \frac{(x_n - p_n N)^2}{p_n N} \qquad (6.11)$$
> をつくると, X は自由度 $n-1$ の χ^2 分布に従う.

実用的には $p_i N \geqq 5$ $(i = 1, 2, \cdots, n)$ ならば, この命題の近似はよい.

適合度の χ^2 検定 大きさ N の標本の観測度数 $x_1, x_2, \cdots, x_n$ をもとにして, 帰無仮説 H_0:「個体が $A_1, A_2, \cdots, A_n$ に属する確率はそれぞれ $p_1, p_2, \cdots, p_n$ である」を検定する. 命題6-1によって, (6.11)の X は自由度 $n-1$ の χ^2 分布に従うから, 危険率 α に対して X が棄却域にあれば仮説を棄却する.

例題 6.13 例1の草花についての観察結果から, 観察例がメンデルの法則にあっているかどうか, 危険率5%で検定せよ.

[解] 帰無仮説 H_0:「$p_1 = 3/8, p_2 = p_3 = 1/4, p_4 = 1/8$」をたてる. この仮説のもとで命題6-1が成り立つ. 表6-1の値を(6.11)に代入して,

$$X = \frac{(87-90)^2}{90} + \frac{(66-60)^2}{60} + \frac{(55-60)^2}{60} + \frac{(32-30)^2}{30} = 1.25$$

クラスの数は4であるから, X は自由度 $4-1 = 3$ の χ^2 分布に従う. 附表3から危険率5%のときの棄却域は $X > 7.81$ である. 1.25 は採択域にあるので H_0

は棄却できない. すなわち, 観察例はメンデルの法則にあっていないとはいえない.∎

分割表 母集団が2つの性質 A, B の両方について, 互いに排反な m 個のクラス $A_1, A_2, \cdots, A_m$ と互いに排反な n 個のクラス $B_1, B_2, \cdots, B_n$ に分けられているとする. この母集団から大きさ N の標本を抽出して, クラス「A_i かつ B_j」に属する個体の観測度数が $x_{ij}\,(i=1, 2, \cdots, m;\ j=1, 2, \cdots, n)$ であったとする. 表にすると表6-2のようになり, これを**分割表**という.

表6-2 分 割 表

性質	B_1	B_2	$\cdots$	B_n	計
A_1	x_{11}	x_{12}	$\cdots$	x_{1n}	a_1
A_2	x_{21}	x_{22}	$\cdots$	x_{2n}	a_2
$\cdots$	$\cdots$	$\cdots$	$\cdots$	$\cdots$	$\cdots$
A_m	x_{m1}	x_{m2}	$\cdots$	x_{mn}	a_m
計	b_1	b_2	$\cdots$	b_n	N

分割表を用いて, 2つの性質 A と B が独立であるかどうかを検定するのを**独立性の検定**という.

独立性と χ^2 分布 母集団から無作為抽出した1つの個体が, $A_1, A_2, \cdots, A_m$ に属する確率 $p_1, p_2, \cdots, p_m$, $B_1, B_2, \cdots, B_n$ に属する確率 $q_1, q_2, \cdots, q_n$ がわかっているとすると, A と B が独立なときにはその個体が A_i かつ B_j に属する確率は $p_i q_j$ となる. したがって N 個の標本を抽出したとき, 期待度数は $p_i q_j N$ である. このとき, 観測度数 x_{ij} の総数は mn 個なので, 命題6-1を使うと

$$\begin{aligned} X &= \frac{(x_{11}-p_1 q_1 N)^2}{p_1 q_1 N} + \frac{(x_{12}-p_1 q_2 N)^2}{p_1 q_2 N} + \cdots + \frac{(x_{mn}-p_m q_n N)^2}{p_m q_n N} \\ &= \sum_{i=1}^{m}\sum_{j=1}^{n}\frac{(x_{ij}-p_i q_j N)^2}{p_i q_j N} \end{aligned} \tag{6.12}$$

は自由度 $mn-1$ の χ^2 分布に従うことになる.

この結果を使って独立性の検定を行なうことが原理的に可能であるが, 実際の問題では期待度数のわからない場合がほとんどである. そこで次のように修

正する．表 6-2 で B_1 の列をみると，和は b_1 で A_i かつ B_1 $(i=1,2,\cdots,m)$ に属する確率は b_1/N と仮定できる．命題 6-1 で，N の代わりに b_1，x_i の代わりに x_{i1}，p_i の代わりに a_i/N をとると，

$$X_1 = \frac{(x_{11}-a_1b_1/N)^2}{a_1b_1/N} + \frac{(x_{21}-a_2b_1/N)^2}{a_2b_1/N} + \cdots + \frac{(x_{m1}-a_mb_1/N)^2}{a_mb_1/N}$$

が自由度 $m-1$ の χ^2 分布に従うと考えられる．同様に，j 列について

$$X_j = \frac{(x_{1j}-a_1b_j/N)^2}{a_1b_j/N} + \frac{(x_{2j}-a_2b_j/N)^2}{a_2b_j/N} + \cdots + \frac{(x_{mj}-a_mb_j/N)^2}{a_mb_j/N}$$

をつくると，$X_j(j=1,2,\cdots,n)$ は自由度 $m-1$ の χ^2 分布に従うと考えられる．$X=X_1+X_2+\cdots+X_n$ としよう．χ^2 分布の重ね合せの性質と，$b_1+b_2+\cdots+b_n=N$ の拘束条件から，$X_1,X_2,\cdots,X_n$ のうち $n-1$ 個だけ自由に動けるという性質を用いて，X は自由度が $(m-1)\times(n-1)$ の χ^2 分布に従うことがわかる．結局，次の命題が成り立つ．

命題 6-2 性質 A と B が独立であるとき，表 6-2 の分割表からつくった

$$X = \frac{(x_{11}-a_1b_1/N)^2}{a_1b_1/N} + \frac{(x_{21}-a_2b_1/N)^2}{a_2b_1/N} +$$
$$\cdots + \frac{(x_{mn}-a_mb_n/N)^2}{a_mb_n/N}$$
$$= \sum_{i=1}^{m}\sum_{j=1}^{n} \frac{(x_{ij}-a_ib_j/N)^2}{a_ib_j/N} \qquad (6.13)$$

は自由度 $(m-1)(n-1)$ の χ^2 分布に従う．

独立性の検定 それぞれ m,n 個のクラスに分かれる 2 つの性質 A, B をもつ母集団から無作為抽出した大きさ N の標本の観測度数 x_{ij} $(i=1,2,\cdots,m; j=1,2,\cdots,n)$ をもとにして，帰無仮説 H_0：「A と B は独立である」を検定する．命題 6-2 から，危険率 α に対して，(6.13) の X が棄却域にあれば，仮説を棄却する．

例題 6.14 ある大学の 2 年生以上の学生 410 名について，喫煙と留年の関係

を調べたところ表 6-3 の結果を得た．この結果から煙草を吸う学生の方が留年の経験が多いかどうか，危険率 1% で検定せよ．

表 6-3 喫煙と留年

留年の経験	有り	無し	計
煙草を吸う	75	122	197
吸わない	44	169	213
計	119	291	410

[解] 帰無仮説 H_0：「留年と喫煙は関係がない（独立である）」をたてる．この仮説のもとで命題 6-2 が成り立つ．表 6-3 の値を (6.13) に代入して，

$$X = \frac{\left(75 - \frac{119 \times 197}{410}\right)^2}{\frac{119 \times 197}{410}} + \frac{\left(44 - \frac{119 \times 213}{410}\right)^2}{\frac{119 \times 213}{410}}$$

$$+ \frac{\left(122 - \frac{291 \times 197}{410}\right)^2}{\frac{291 \times 197}{410}} + \frac{\left(169 - \frac{291 \times 213}{410}\right)^2}{\frac{291 \times 213}{410}} = 15.07$$

$m=2$, $n=2$ であるから，X は自由度 $(2-1)(2-1)=1$ の χ^2 分布に従う．附表 3 から危険率 1% のときの棄却域は $X>6.63$ である．15.07 は棄却域にあるので H_0 は棄却される．すなわち，留年と喫煙は独立であるとはいえない．∎

留年がやや多い大学である．煙草を吸うものは一般に酒や遊びが好きなので留年する可能性が多いのだろうか．留年したために煙草を吸うようになることもあるのだろうか．このような点については，この統計処理からはわからないし，また問題とも無関係である．

問題 6-5

1. あるいびつなサイコロを 100 回振ったところ，次のような結果が得られた．このサイコロはまともであるといえるかどうか，危険率 5% で検定せよ．

目	1	2	3	4	5	6	合計
回数	16	14	9	15	7	39	100

2. 日本におけるある期間の胃がんによる死亡者数と生存者数について次の表のような結果が報告されている．胃がんによる死亡者数は性差と関係があるかどうか，危険率 1% で検定せよ．

	男性	女性	計
死亡	279	178	457
生存	557,721	613,822	1,171,543
計	558,000	614,000	1,172,000

3. ナッツ類を含むチョコレートと含まないチョコレートの 65 種類についてその値段で分類したところ，次の表が得られた．ナッツ類を含むか含まないかと値段との間には関連性があるか．危険率 10% で検定せよ．

値段(円)	50～100	101～150	151～200	計
ナッツ類を含む	9	7	5	21
〃 含まない	21	16	7	44
計	30	23	12	65

フィッシャー

近代統計学の祖ともいわれるフィッシャー(Ronald A. Fisher(1890-1962))はイギリスの人．もともと学校教師をへて農事試験場の技師であった．彼は技師としての経験から，現実の観測資料にもとづかない先験的確率の概念を排除し，あくまで母集団を仮定するのが統計の出発点であるという立場から本章でみてきた推測統計の理論の基礎をつくりあげた．彼の論文は数学的厳密さに欠けていたので，批判も多く，論争もよくされたが，鋭い直観力による理論はしだいに統計学者に受け入れられるようになった．フィッシャーはまた，集団遺伝学においても先駆的な仕事を残している．

6-6 最小2乗法と相関係数の推定・検定

直線のあてはめ　理工学のいろんな分野で実験を行なうさい, 2つの変量の間の関係を知りたいことがよくある. たとえば, バネにおもりをつるして, おもりの重さ x とバネの長さ y を測定したとき, x と y の関係を調べるのが簡単な例である. 測定結果が表 6-4 のようであったとしよう.

表 6-4

重さ x(g 重)	バネの長さ y(cm)
100	20.4
120	22.6
130	23.4
150	25.6
160	26.9
180	28.7

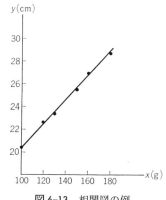

図 6-13 相関図の例

このデータを解析するのに最も簡単な方法は, グラフ用紙に (x, y) の点を記入して, 点のちらばり方をみるものである. いまの例では図 6-13 のようになるが, このような図を**相関図**または**散布図**という. 図から点はほぼ直線上にのっていることがわかる. 見当をつけて直線をあてはめると, たとえば,

$$y = 9.8 + 0.106x$$

となる. このような直線を**回帰直線**(regression line)という. 回帰とは, 繰り返す, もとに戻るという意味がある. もともと回帰直線という言葉は, 子供の身長と両親の身長の中央値を関係づける直線として用いられたことに由来している.

回帰直線が求まれば, ある重さのおもりをつるしたときのバネの長さを精度よく推定することができる. この例では, おもりの重さとバネの伸びの間には

フックの法則が成り立っており，測定値が直線にのるのは物理的に予想できる結果である．直線からのずれは測定誤差と考えてよい．次のような例ではどうであろうか．

[例1] ある大学の定期試験の答案から10人の学生の成績を無作為抽出したところ，物理と数学の点は表6-5のようであった．直線のあてはめをしてみよう．

物理の点を x，数学の点を y として相関図を描くと図6-14のようになる．図から2つの試験の点数の間には関連のあることが予想されるが，ばらつきが大きいため，直線をあてはめようとすると，人によってかなり違った結果が得られるであろう．このような場合にも，できるだけ客観的に直線をあてはめるのに用いるのが最小2乗法である．

表6-5 物理と数学

学生	物理 x(点)	数学 y(点)
1	79	85
2	63	70
3	78	82
4	86	83
5	65	75
6	58	70
7	93	90
8	83	77
9	75	76
10	70	78

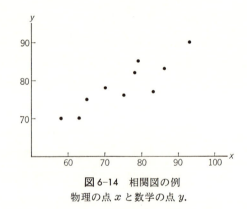

図6-14 相関図の例
物理の点 x と数学の点 y．

最小2乗法 2つの変量 x, y について，大きさ n の標本の組 $(x_1, y_1), (x_2, y_2)$，…, (x_n, y_n) があったとする．x と y の間に近似的に直線関係

$$y = a + bx \tag{6.14}$$

が成り立っていると仮定する．

直線が標本値をよく近似しているといっても，$x = x_i$ のときに $y_i = a + bx_i$ となるわけでなく，ずれがある．図6-15のように，(x_i, y_i) の点の直線(6.14)からのずれを e_i で表わすと，

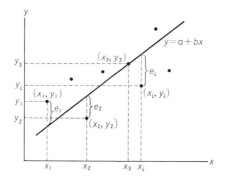

図 6-15　回帰曲線と線形回帰モデル

$$e_i = y_i - (a + bx_i) \quad (i=1, 2, \cdots, n) \tag{6.15}$$

と書ける．この式を**線形回帰モデル**(linear regression model)という．図の例では，(x_1, y_1)の点は直線より上にあるのでe_1は正であり，(x_2, y_2)は直線より下にあるのでe_2は負である．(x_3, y_3)のように直線にのっているときは$e_3=0$である．xとyを直線(6.15)で関連づけようとするとき，このずれe_iはx_iだけでは説明できないさまざまな要因による誤差を表わすものと考えることができる．以下では，$e_1, e_2, \cdots, e_n$は互いに独立で，平均0の確率分布に従っているとする．

これらの誤差をできるだけ小さくするように，直線(6.14)の係数a, bを決定する問題を考える．誤差を小さくするといってもいろいろな方法が考えられるが，特に，

$$Q = e_1^2 + e_2^2 + \cdots + e_n^2 \tag{6.16}$$

を最小にするように，未知の係数a, bを標本のデータで表わすのが，**最小2乗法**(method of least squares)である．そのようにして得られた直線(6.14)は，誤差の2乗の和が小さいという意味で，観測結果にもっともよくあてはまる直線というわけである．

(6.15)を使うと，Qは，

$$Q = (y_1 - a - bx_1)^2 + (y_2 - a - bx_2)^2 + \cdots + (y_n - a - bx_n)^2 \tag{6.17}$$

と書ける．$x_1, x_2, \cdots, x_n, y_1, y_2, \cdots, y_n$は標本値として既知の量であるから，$Q$

は2変数 a, b の関数 $Q(a, b)$ となっている．Q が最小となる a, b を求めるには2変数関数の極値問題を考えればよい．a と b を変化させたとき Q が極値をとる条件は，

$$\frac{\partial Q}{\partial a} = 0 \tag{6.18}$$

$$\frac{\partial Q}{\partial b} = 0 \tag{6.19}$$

である．(6.17)を代入すると，(6.18)は

$$-2(y_1-a-bx_1)-2(y_2-a-bx_2)-\cdots-2(y_n-a-bx_n)$$
$$= -2\{(y_1+y_2+\cdots+y_n)-na-b(x_1+x_2+\cdots+x_n)\} = 0 \tag{6.20}$$

となる．また (6.19) は

$$-2x_1(y_1-a-bx_1)-2x_2(y_2-a-bx_2)-\cdots-2x_n(y_n-a-bx_n)$$
$$= -2\{(x_1y_1+x_2y_2+\cdots+x_ny_n)-a(x_1+x_2+\cdots+x_n)$$
$$-b(x_1^2+x_2^2+\cdots+x_n^2)\} = 0 \tag{6.21}$$

となる．

標本の平均，分散と共分散　1変数のときと同様に，x の標本平均 $\bar{x}$, 標本分散 s_x^2 を

$$\bar{x} = \frac{1}{n}(x_1+x_2+\cdots+x_n) \tag{6.22}$$

$$s_x^2 = \frac{1}{n}\{(x_1-\bar{x})^2+(x_2-\bar{x})^2+\cdots+(x_n-\bar{x})^2\}$$

$$= \frac{1}{n}(x_1^2+x_2^2+\cdots+x_n^2)-\bar{x}^2 \tag{6.23}$$

y の標本平均 $\bar{y}$, 標本分散 s_y^2 を

$$\bar{y} = \frac{1}{n}(y_1+y_2+\cdots+y_n) \tag{6.24}$$

$$s_y^2 = \frac{1}{n}\{(y_1-\bar{y})^2+(y_2-\bar{y})^2+\cdots+(y_n-\bar{y})^2\}$$

$$= \frac{1}{n}(y_1^2+y_2^2+\cdots+y_n^2)-\bar{y}^2 \tag{6.25}$$

で定義する．また(3.61)の共分散と同じ考え方で，標本共分散 s_{xy} を

$$s_{xy} = \frac{1}{n}\{(x_1-\bar{x})(y_1-\bar{y})+(x_2-\bar{x})(y_2-\bar{y})+\cdots+(x_n-\bar{x})(y_n-\bar{y})\}$$

$$= \frac{1}{n}(x_1y_1+x_2y_2+\cdots+x_ny_n)-\bar{x}\bar{y} \qquad (6.26)$$

で定義する．

回帰係数 (6.22)～(6.26)の定義を用いると，(6.20), (6.21)はそれぞれ，

$$\bar{y}-a-b\bar{x} = 0 \qquad (6.27)$$

$$s_{xy}+\bar{x}\bar{y}-\bar{x}a-(s_x^2+\bar{x}^2)b = 0 \qquad (6.28)$$

と書ける．これらの式を解いて，a, b を $\bar{x}, \bar{y}, s_x^2, s_{xy}$ で表わすと，

$$a = \bar{y}-\frac{s_{xy}\bar{x}}{s_x^2} \qquad (6.29)$$

$$b = \frac{s_{xy}}{s_x^2} \qquad (6.30)$$

となる．この a, b が誤差の2乗の和を最小にする直線の係数であり，**標本回帰係数**(sample regression coefficient)という．

(3.63)と同様に，標本相関係数を

$$C_{xy} = \frac{s_{xy}}{s_x s_y} \qquad (6.31)$$

で定義すると，

$$a = \bar{y}-C_{xy}\bar{x}\frac{s_y}{s_x} \qquad (6.32)$$

$$b = C_{xy}\frac{s_y}{s_x} \qquad (6.33)$$

結局，標本平均，標本分散，標本相関係数を用いて，回帰直線(6.14)は

$$y-\bar{y} = C_{xy}\frac{s_y}{s_x}(x-\bar{x}) \qquad (6.34)$$

と書けることになる．

例題6.15 例1の試験の点の標本について，直線 $y=a+bx$ をあてはめたときの回帰係数 a, b を最小2乗法を用いて求めよ．また標本相関係数も求めよ．

[解] まず標本平均，標本分散，標本共分散を計算すると，

$$\bar{x} = 75.0, \quad \bar{y} = 78.6, \quad s_x^2 = 109.2, \quad s_y^2 = 37.2, \quad s_{xy} = 56.5$$

これらの数値を(6.29), (6.30)に代入して，

$$a = 78.6 - \frac{56.5 \times 75.0}{109.2} = 39.8, \qquad b = \frac{56.5}{109.2} = 0.52$$

また標本相関係数は(6.31)から

$$C_{xy} = \frac{56.5}{\sqrt{109.2 \times 37.2}} = 0.89 \quad \blacksquare$$

誤差の分散 $e_1, e_2, \cdots, e_n$ は平均 0 の量であるから, (6.16) の Q を n で割った

$$s_e^2 = \frac{1}{n}(e_1^2 + e_2^2 + \cdots + e_n^2) \tag{6.35}$$

は誤差の分散に相当している．Q あるいは s_e^2 が最小となるときの s_e^2 の値を計算する．(6.27)を利用して，

$$s_e^2 = \frac{1}{n}\{(y_1 - a - bx_1)^2 + (y_2 - a - bx_2)^2 + \cdots + (y_n - a - bx_n)^2\}$$

$$= \frac{1}{n}[\{(y_1 - \bar{y}) - b(x_1 - \bar{x})\}^2 + \{(y_2 - \bar{y}) - b(x_2 - \bar{x})\}^2$$

$$+ \cdots + \{(y_n - \bar{y}) - b(x_n - \bar{x})\}^2]$$

$$= \frac{1}{n}\{(y_1 - \bar{y})^2 + (y_2 - \bar{y})^2 + \cdots + (y_n - \bar{y})^2\} - \frac{2b}{n}\{(y_1 - \bar{y})(x_1 - \bar{x})$$

$$+ (y_2 - \bar{y})(x_2 - \bar{x}) + \cdots + (y_n - \bar{y})(x_n - \bar{x})\} + \frac{b^2}{n}\{(x_1 - \bar{x})^2 + (x_2 - \bar{x})^2$$

$$+ \cdots + (x_n - \bar{x})^2\}$$

(6.23), (6.25), (6.26)を用いて，

$$s_e^2 = s_y^2 - 2bs_{xy} + b^2 s_x^2$$

(6.30)を代入すると

$$s_e^2 = s_y^2 - 2\frac{s_{xy}^2}{s_x^2} + \frac{s_{xy}^2}{s_x^4}s_x^2 = s_y^2 - \frac{s_{xy}^2}{s_x^2}$$

さらに，(6.31)を使うと，

$$s_e^2 = s_y^2 - \frac{s_x^2 s_y^2 C_{xy}^2}{s_x^2} = s_y^2(1 - C_{xy}^2) \tag{6.36}$$

となる.この結果から,標本相関係数 C_{xy} が 0 に近いほどばらつきが大きく,また ±1 に近いほど直線の近くに点のあることがわかる.

[例2] 例題 6.15 の試験の点の標本について,誤差の分散に相当する量 s_e^2 を計算すると,$s_y^2=37.2$, $C_{xy}^2=0.79$ であるから,$s_e^2=37.2(1-0.79)\doteqdot 7.8$. ▮

相関係数の意味 いま示したように,相関係数は 2 変数からなる標本値が直線的に関連しているかどうかを表わす目安となっている.また,(6.34)で s_x, s_y は正の量であるから,C_{xy} の符号はあてはめた直線の傾きの符号と同じになっている.結局,図 6-16 のように,相関係数は −1 から +1 の尺度で,2 つの変数の直線関係の度合いをはかっているのである.

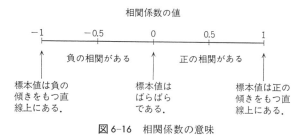

図 6-16 相関係数の意味

相関係数が正のときは**正の相関がある**といい,負のときは**負の相関がある**という.正の相関が強い例としては,6-6 節でとり上げたおもりの重さとバネの伸びがある.負の相関が強い例としては,たとえば,ある小学生の集団の中の児童の年齢と 100 メートル走の所要時間などがある.図 6-17 は負の相関が比較的強い場合の相関図の一例である.

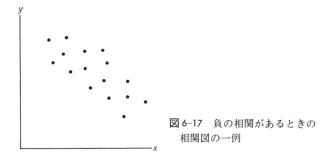

図 6-17 負の相関があるときの相関図の一例

相関係数が 0 から 1 に近づくにつれて標本点の直線傾向が強くなる様子を例示したのが図 6-18 である．それぞれ 25 個の標本値の相関図を描いたもので，相関係数 C_{xy} の値は図の下に示したとおりである．他の統計量と同じく，直線傾向のあるなしにはっきりとした基準の数値はないが，これらの 6 個の相関図では大ざっぱにいって $C_{xy}=0.7$ のものから直線傾向がよく見えてくるといえるであろう．$C_{xy}=0.7$ ではまだ見えないという人がいても，また $C_{xy}=0.5$ ではっきり見えるという人がいても，それはそれで結構である．相関係数の値はあくまでだいたいの目安を与えているだけだからである．しかし $C_{xy}=0$ の図で直線傾向が見えるという人がいれば，その人の図形認識感覚はきわめて独特のものといえよう．

相関係数はあくまで直線傾向の強さをはかる目安であって，図 6-19 のように，x と y の間に曲線的な強い関連性があっても，そのようなものをはかる目

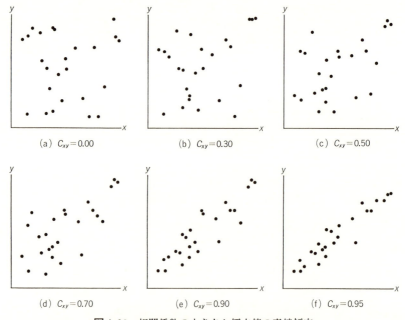

図 6-18　相関係数の大きさと標本値の直線傾向

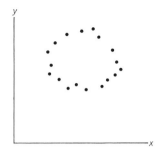

図 6-19 曲線的に関連した標本の例

安にはならないことに注意しよう.

「相関なし」の検定 直線のあてはめを行なった 2 つの変量 x, y についての標本が, 2 次元正規分布に従っている母集団から抽出したものと考えてもよい場合には, 標本からつくった標本相関係数をもとにして, 母集団の母相関係数についての推定, 検定をすることができる. すなわち, 母集団が (4.33) の 2 次元正規分布に従っているとし, その中の ρ_{xy} を母相関係数と考えて, 標本値からその推定, 検定を行なうのである.

まず, 母相関係数 $\rho_{xy}=0$ のときには, X と Y はそれぞれ独立に 1 次元正規分布に従うことになるので, 1 次元正規分布の場合の結果を拡張したものとして次の命題が成り立つ(証明略).

> **命題 6-3** $\rho_{xy}=0$ の 2 次元正規分布に従う母集団から, 大きさ n の標本 $(x_1, y_1), (x_2, y_2), \cdots, (x_n, y_n)$ を無作為抽出したとき, 標本相関係数 C_{xy} は, 確率密度が
> $$f(C_{xy}) = \frac{1}{\sqrt{\pi}} \frac{\Gamma((n-1)/2)}{\Gamma((n-2)/2)} (1-C_{xy}^2)^{(n-4)/2} \tag{6.37}$$
> の分布に従い,
> $$T = \sqrt{\frac{(n-2)C_{xy}^2}{1-C_{xy}^2}} \tag{6.38}$$
> をつくると, T は自由度 $n-2$ の t 分布に従う.

この命題を使って, 帰無仮説(6-3 節)「母相関係数 $\rho_{xy}=0$」を検定し, もし

仮説が棄却されたときには,母集団において 2 つの変数 X と Y の間に相関があるという結論を得ることができる.

例題 6.16 ある大学の学生の中から 20 人を無作為に選び,座高と足の長さを測ったところ,標本相関係数が 0.45 となった.大学の学生全体を母集団として,母集団において座高と足の長さの間に相関があるかどうか,危険率 5% および 1% で検定せよ.

[解] 帰無仮説 H:「$\rho_{xy}=0$」を両側検定すればよい.(6.38) の T の値は

$$T = \sqrt{\frac{(20-2)\times 0.45^2}{1-0.45^2}} = 2.14$$

である.危険率 5% のとき,附表 6 より棄却域は $T>2.101$ であり,2.101<2.14 だから H は棄却される.だから,$\rho_{xy}=0$ であるとはいえない.すなわち,座高と足の長さの間には相関があるといえる.

危険率 1% のとき,棄却域は $T>2.878$ である.2.878>2.14 だから H は棄却できない.だから $\rho_{xy}=0$ でないとはいえないことになる.∎

母相関係数の推定・検定 ρ_{xy} が 0 でない 2 次元正規分布に従う母集団については,命題 6-3 のような厳密な式は得られない.しかし標本の数が大きいときには,近似的に次の命題が成り立つ(証明略).

命題 6-4 $\rho_{xy} \neq 0$ の 2 次元正規分布に従う母集団から,大きさ n の標本 $(x_1, y_1), (x_2, y_2), \cdots, (x_n, y_n)$ を無作為抽出する.標本相関係数 C_{xy} を

$$Z = \tanh^{-1} C_{xy} = \frac{1}{2} \log \frac{1+C_{xy}}{1-C_{xy}} \tag{6.39}$$

と変換したとき,n が大きければ,Z は $N(\tanh^{-1}\rho_{xy}, 1/(n-3))$ に近似的に従う.その結果,

$$\zeta = \tanh^{-1} \rho_{xy} = \frac{1}{2} \log \frac{1+\rho_{xy}}{1-\rho_{xy}} \tag{6.40}$$

としたとき,

$$T = \sqrt{n-3}\,(Z-\zeta) \tag{6.41}$$

は $N(0,1)$ に従う.

この命題を使うと,標本数が大きいとき,標本相関係数 C_{xy} にもとづいて,母相関係数 ρ_{xy} の推定,検定を行なうことができる.

なお,(6.39), (6.40) の 2 番目の式の $\tanh^{-1}$ は双曲線関数の逆関数であって,たとえば (6.39) の 1 番目と 2 番目の式の関係は

$$C_{xy} = \tanh Z = \frac{e^Z - e^{-Z}}{e^Z + e^{-Z}}$$

と同じである.この式から,

$$e^Z(1-C_{xy}) = e^{-Z}(1+C_{xy})$$

すなわち,

$$e^{2Z} = \frac{1+C_{xy}}{1-C_{xy}}$$

が得られ,両辺の対数をとると,Z が 3 番目の式でも表わせることがわかる.ここで log は e を底とする自然対数である.

例題 6.17 ある大学の学生の中から 100 人を無作為に選び,体重と胸囲を測ったところ,標本相関係数が 0.87 となった.母相関係数を信頼水準 95% で推定せよ.

[解] まず (6.39) から Z の値を計算すると,

$$Z = \frac{1}{2}\log\frac{1+0.87}{1-0.87} = 1.33$$

である.$T=\sqrt{n-3}(Z-\zeta)=\sqrt{97}(1.33-\zeta)$ は $N(0,1)$ に従うので,附表 2 から信頼水準 95% のとき

$$-1.960 < \sqrt{97}(1.33-\zeta) < 1.960$$

すなわち

$$1.13 < \zeta < 1.53$$

と推定できる.ところが (6.40) より $\rho_{xy}=\tanh\zeta$ であり,$\tanh 1.13=0.81$, $\tanh 1.53=0.91$ であるから,

[答] $0.81 < \rho_{xy} < 0.91$

問題 6-6

1. ある病院で生まれた新生児の身長 x(cm) と体重 y(g) の測定結果は右表のようであった．直線 $y=a+bx$ をあてはめたときの回帰係数 a, b および標本相関係数を求めよ．

新生児	身長(cm)	体重(g)
1	46.1	2250
2	52.0	3525
3	48.5	3005
4	46.5	1930
5	46.0	2325
6	44.8	1955
7	48.5	2725
8	53.4	4100

2. 15組の兄弟を無作為に選び，それぞれの身長を測定したところ，標本相関係数が 0.36 となった．兄の身長と弟の身長の間には相関があるかどうか，危険率 5% で検定せよ．

3. 2次元正規母集団から大きさ 300 の標本を無作為抽出したところ，その標本相関係数が 0.64 となった．母相関係数を信頼水準 99% で推定せよ．

第 6 章 演 習 問 題

[1] ある母集団から5個の標本を無作為抽出したところ，その値は

$$2.8,\ 2.6,\ 3.2,\ 2.2,\ 2.5$$

であった．母平均，母分散の不偏推定量を求めよ．

[2] 2項分布 $Bin(n, p)$ に従う母集団から，2個の標本 x_1, x_2 を無作為抽出した．母数 p の最尤推定量を求めよ．

[3] 実験用はつかねずみ 8 匹の体重を測定して次の結果を得た（単位 g）．

$$429,\ 498,\ 394,\ 426,\ 390,\ 459,\ 485,\ 374$$

これまで使用した多数のねずみの体重の分散値は $(40\,\mathrm{g})^2$ であることがわかっている．母平均値を信頼水準 80% および 95% で区間推定せよ．

[4] 問題1の標本について，信頼水準 95% で母平均と母分散を区間推定せよ．

[5] ボタンを押すと 000～999 の数字が並ぶ機械がある．この機械で 1000 回ボタンを押すと，777 のように3つの同じ数字の並ぶ場合が 15 度あった．この機械は3つの同じ数字が並びやすいかどうか，危険率 5% で検定せよ．

[6]　ある交差点で青信号になっても前の車が発進しないと，後続車の運転手がいらいらしてクラクションをならす．長い間の測定の結果，ならすまでの平均待ち時間は 5.3 秒であることがわかっている．いま 8 台の車について測定したところ，待ち時間の平均 7.6 秒，分散 4.3 秒^2 であった．これらの 8 台の車の平均待ち時間はいつもの待ち時間より長いといえるか，危険率 5% で検定せよ．

[7]　袋入りの菓子 2 種類について，一方は内容量のばらつきが大きく標準偏差が 35 g，他方は小さく 12 g であることがわかっている．いま 2 種類の菓子を 5 袋ずつ買ってきて，平均の重さを調べたところ，ばらつきの大きい方が 382 g，小さい方が 404 g であった．2 種類の菓子の平均内容量は違うといえるかどうか，危険率 10% で検定せよ．

[8]　A, B 2 つの工場でつくっている同じ規格のサーモスタットの信頼性を調べるために，それぞれ 4 個ずつ無作為抽出して特性を測ったところ，次の結果が得られた．

　　　　　A 工場　213.8, 212.6, 214.0, 212.0　(°C)
　　　　　B 工場　213.4, 213.6, 212.2, 211.2　(°C)

母集団は同じ分散をもつ正規分布に従うとして，A 工場と B 工場の製品の平均温度に差があるかどうか，危険率 10% で検定せよ．

[9]　ある大学の新入生 97 人の血液型を調べたところ，次の結果が得られた．

　　　　　A 型 51 人，O 型 23 人，B 型 14 人，AB 型 9 人

日本人の血液型の比率は A 型 38%，O 型 31%，B 型 22%，AB 型 9% であることが知られている．97 人の新入生の血液型は日本人の血液型の比率とあっているか，危険率 5% で検定せよ．

[10]　歌謡曲 447 曲について，題名とヒットしたしないの関係を調べたところ，次の表のような結果が得られた．この結果から，題名にカタカナが入っているいないとヒットするしないが関係しているかどうか，危険率 1% で検定せよ．

カタカナ	入っている	入っていない	計
ヒットした	76	101	177
ヒットしない	31	239	270
計	107	340	447

[11]　10 人の女性の体重 (X) とウエスト (Y) について次表の結果が得られた．

X(kg)	53	47	55	56	55	54	54	55	53	56
Y(cm)	56	52	64	60	56	57	58	57	58	57

（ⅰ）　X と Y の相関図を描き，直線 $y=ax+b$ をあてはめたときの回帰係数 a, b を求めよ．

(ii) 標本相関係数およびあてはめた直線の誤差を求めよ．
(iii) この標本は2次元正規分布母集団から抽出されたものと考えてよいとする．体重とウエストの間には相関があるといえるかどうか，危険率5%で検定せよ．

ジップの法則

　この本でさまざまな確率分布を調べてきたが，最近注目をあびているものにジップ(Zipf)の法則に従う分布がある．たとえば下図のように，アメリカの都市を人口の大きいものから順に並べ，縦軸に人口，横軸に順位をとる（資料はすこし古いが1960年の国勢調査によっている）．すると，順位と人口の積はどの都市でもほぼ一定の値になる．

　このように順位と大きさの間に双曲線の関係がなりたつという法則を，最初にくわしく調べた人の名をとってジップの法則という．この法則は，人口分布の他に，本や新聞などででてくる単語の頻度，いろいろな属に属する生物の種の数などの分布にもあてはまることが知られている．

　なぜこのような分布になるのか，「同じ生態的地位を占める2種は同一場所で共存できない」という競争排他原理などで説明しようという試みがなされているが，まだよくわかっていない．最近活発に研究がすすめられている自己相似性をもった図形（フラクタル図形）とも関連があると予想されている．

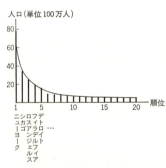

アメリカの都市の人口の順位
(1960年国勢調査による)

7

確率過程

これまで扱ってきた確率統計の問題では，時間変化を考えていなかった．しかし，たとえばある都市の人口の変化や，不規則に運動する粒子の位置の変化などのように，ある時刻の状態から別の時刻の状態への推移が確率的に起こる場合がある．このような動的過程を確率過程という．現象の時間変化が確定的な場合は微分方程式で表わされるが，確率過程はその確率統計版というわけである．

7-1 確率過程の例

時間に依存した確率変数　サイコロを何回か振る試行を考える．時間的な変化を考えるために，時刻 $t=1$ に1回，次の時刻 $t=2$ に1回，$t=3$ に1回，…，$t=n$ に1回振ることにする．同じサイコロを使うならば，それぞれの時刻である目のでる確率は変わらない．すなわち，でる目を確率変数 X としたとき，サイコロがまともであれば，$X=1, X=2, …, X=6$ の値をとる確率は時刻にかかわらず1/6である．X の確率分布は時間 t によらないのである．

　しかし，何回か振った(ある時間が経過した)とき，それまでに1の目のでた回数を確率変数 X とすると，X は振った回数(時間の経過)に関係することになる．第3章で述べたように，確率変数 X は標本空間の中の根元事象に依存した従属関数であったが，同時に時間にも依存した関数となるのである．以下では，時間の関数であることを明示するために，確率変数を $X=X(t)$ と書くことにする．

　時刻 t までにサイコロの1の目のでた回数を確率変数 $X(t)$ とした場合に，$X(1)$ のとりうる値 $x(1)$ とその確率 p は，

　　　1の目がでない　　　$x(1)=0$,　　$p=5/6$
　　　1の目がでる　　　　$x(1)=1$,　　$p=1/6$

となる．また $X(2)$ のとりうる値 $x(2)$ とその確率 p は，図7-1を参照して，

　　　1の目が1回もでない　　$x(2)=0$,　　$p=(5/6)\times(5/6)=25/36$
　　　1の目が1回だけでる　　$x(2)=1$,　　$p=2\times(1/6)\times(5/6)=10/36$
　　　1の目が2回でる　　　　$x(2)=2$,　　$p=(1/6)\times(1/6)=1/36$

となる．同様に $X(3)$ に対しては，

　　　1の目が1回もでない　　$x(3)=0$,　　$p=(5/6)^3=125/216$
　　　1の目が1回だけでる　　$x(3)=1$,　　$p=3\times(1/6)\times(5/6)^2=75/216$
　　　1の目が2回だけでる　　$x(3)=2$,　　$p=3\times(1/6)^2\times(5/6)=15/216$
　　　1の目が3回でる　　　　$x(3)=3$,　　$p=(1/6)^3=1/216$

$x(2)=0$ となるのは		$x(2)=1$ となるのは				$x(2)=2$ となるのは	
$t=1$	$t=2$	$t=1$	$t=2$	$t=1$	$t=2$	$t=1$	$t=2$
1	1	①	1	1	①	①	①
②	②	2	②	②	2	2	2
③	③	3	③ または ③		3	3	3
④	④	4	④	④	4	4	4
⑤	⑤	5	⑤	⑤	5	5	5
⑥	⑥	6	⑥	⑥	6	6	6
$p=\frac{5}{6}\times\frac{5}{6}=\frac{25}{36}$		$p=\frac{1}{6}\times\frac{5}{6}+\frac{5}{6}\times\frac{1}{6}=\frac{10}{36}$				$p=\frac{1}{6}\times\frac{1}{6}=\frac{1}{36}$	

図7-1 $X(2)$ のとりうる値とその確率
それぞれの時刻ででる目のうち,○で囲んだものが確率に寄与する.

である.つまり,各時刻では確率変数 $X(t)$ がある値をとる確率はすべて決まっているから,確率分布がわかっていることになる.そして時間とともに $X(t)$ の分布は変化していくわけである.この例では,時刻 $t=n$ の $X(n)$ の確率分布は

$$f(x(n)) = {}_nC_x\left(\frac{1}{6}\right)^x\left(\frac{5}{6}\right)^{n-x} \tag{7.1}$$

の2項分布 $Bin(n, 1/6)$ である.

確率過程 上の例のように,時間とともに変化する確率変数 $X(t)$ で表わされる確率的な現象を,**確率過程**(stochastic process)または**時系列**(time series)といい,t を**時助変数**という.また,$X(t)$ のとりうる値 $x(t)$ を,確率過程の**標本関数**という.すべての時刻 t について,標本関数 $x(t)$ をとる確率がわかっていれば,確率過程は完全に決定することになる.

$X(t)$ は t を固定すれば1つの確率変数になっているが,t の関数とみたときには,標本関数 $x(t)$ の集合になっている.このことを強調するために,確率過程を $\{X(t)\}$ と表わす.上の例では,時刻 t を1から3までの場合にかぎると,標本関数 $x(t)$ は表7-1のように8通りあることになり,これらの集合が $\{X(t)\}$ なのである.

なお,この例では,$x(t)$ の値は t とともに決して

表7-1 標本関数

	$t=1$	$t=2$	$t=3$
$x(t)=$	0	0	0
	0	0	1
	0	1	1
	0	1	2
	1	1	1
	1	1	2
	1	2	2
	1	2	3

減少しないことに注意しよう.たとえば,$x(0)=1$ であった場合,$x(1)=0$ となることはないのである.

サイコロ振りの場合,時間は $t=1,2,3,\cdots$ という離散的な値をとっているが,連続的な値をとる場合にも確率過程を考えることができる.

[例1] ある時刻 t に硬貨を投げて,表がでれば

$$X(t) = \sin t$$

裏がでれば,

$$X(t) = \cos t$$

とする.この時刻はサイコロ振りのように $1,2,3,\cdots$ ではなく,任意の時刻でよいと考える.すると,この確率過程 $\{X(t)\}$ は連続的な時助変数 t に対して定義できる.また,標本関数は $x(t)=\sin t,\cos t$ の2通りあることになり,時刻 t にそれぞれの値をとる確率は $1/2$ である. ▮

ランダムウォーク 確率過程の代表例にランダムウォーク(random walk)がある.これは酔歩ともよばれるが,ちょうど酔っぱらいのように,あちこちふらふらと(つまり確率的に)動きまわる粒子の運動を表わすものである.

簡単な場合として,図7-2のような数直線の上で,時刻 $t=0$ に $x=0$ を出発し,単位時間ごとに右または左へ移動する粒子を考える.粒子のすすめる位置は $x=0,\pm 1,\pm 2,\cdots$ の整数値であるとしておく.また,どの位置にいても次に右へすすむ確率 p と左へすすむ確率 $q=1-p$ は一定であるとする.このとき,時刻 t に粒子のいる位置を確率変数 $X(t)$ とすれば,$\{X(t)\}$ は1つの確率過程となる.

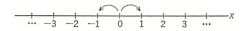

図7-2 ランダムウォーク
$x=0$ から出発して,数直線上の点 $0,\pm 1,\pm 2,\cdots$ を動きまわる.

たとえば,$p=q=1/2$,すなわち,右へすすむ確率 p と左へすすむ確率 q とが同じであるとき,標本関数 $x(t)$ が各時刻でとる値とその確率は次のようになる.

7-1 確率過程の例

各時刻で $x(t)$ のとる値	その確率
$x(0) = 0$	1
$x(1) = \begin{cases} 1 \\ -1 \end{cases}$	1/2 1/2
$x(2) = \begin{cases} 2 \\ 0 \\ -2 \end{cases}$	1/4 1/2 1/4
$x(3) = \begin{cases} 3 \\ 1 \\ -1 \\ -3 \end{cases}$	1/8 3/8 3/8 1/8

一般に $t=n$ のとき，$x(n)$ は $n, n-2, n-4, \cdots, -(n-2), -n$ の値をとり，n が偶数なら0を含み，奇数なら含まない．また $x(n)$ が $n-2k$ $(k=0,1,2,\cdots,n)$ の値をとる確率，つまり時刻 n に粒子が $n-2k$ の位置にいる確率は

$$_nC_k\left(\frac{1}{2}\right)^k\left(\frac{1}{2}\right)^{n-k} = {}_nC_k\left(\frac{1}{2}\right)^n \tag{7.2}$$

の2項分布 $Bin(n, 1/2)$ で与えられる．たとえば，$n=3$ のとき $k=2$ とすると，$x(3)$ が $3-2\times 2 = -1$ の値をとる確率が $_3C_2\left(\frac{1}{2}\right)^3 = 3/8$ なのである．

ランダムウォークの標本関数 $x(t)$ の一例を $t=0\sim 50$ について示したのが図 7-3 である．$t=50$ までの場合には全部で 2^{50}（約1000兆）通りの標本関数がある．図は計算機を用いて得た結果である．すなわち，各時刻で0~1の乱数を発生させ，その値が0.5以上ならそのときの x の値に1を加え，0.5以下なら1を

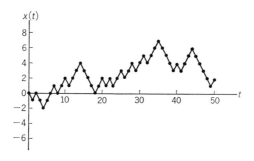

図7-3　ランダムウォークの標本関数の一例

引く.そのようにして $x(t)$ の時間変化をグラフに描いたものである.計算機のかわりにサイコロを振って,偶数目なら1を加え,奇数目なら1を引くとして,粒子の位置を動かしていってもよい.横軸は時刻,縦軸は粒子のいる位置を表わし,各時刻における位置を折れ線で結んである.この例にみられるように,ランダムウォークでは0のまわりをうろうろするよりも,一方の側に片よっていることの方が多い.

これは理論的にも確かめられている.ここで証明はしないが,左右へすすむ確率が同じランダムウォークで,ある時間の間に原点の右側にいる割合を a,左側にいる割合を $1-a$ としたとき,その分布 $f(a)$ は

$$f(a) = \frac{1}{\pi\sqrt{a(1-a)}} \tag{7.3}$$

となることがわかっている.この分布は図7-4のような形をしている.図からわかるように,この分布の平均は1/2であるが,その値は分布の底,すなわちもっとも確率の小さいところになっている.そして x が0または1に近いほど確率は大きくなる.つまり,ランダムウォークでは原点の右か左に片よっていることの方が原点近くをふらふらしているよりもずっと多いのである.

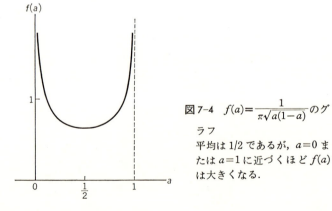

図7-4 $f(a) = \dfrac{1}{\pi\sqrt{a(1-a)}}$ のグラフ

平均は1/2であるが,$a=0$ または $a=1$ に近づくほど $f(a)$ は大きくなる.

拡散 4-3節でのべた中心極限定理を使うと,十分時間がたった後の無数の粒子の位置の分布は,正規分布になることがわかる.すなわち,(4.5),(4.10)により2項分布 $Bin(n, 1/2)$ の平均 μ は $n/2$,分散 σ^2 は $n/4$ であり,また(7.2)

の k のかわりに

$$z = \frac{k-\mu}{\sigma} = \frac{k-n/2}{\sqrt{n/4}} \tag{7.4}$$

をつくると，4-3 節の結果から，n が大きいとき z は

$$f(z) = \frac{1}{\sqrt{2\pi}} e^{-z^2/2} \tag{7.5}$$

の正規分布 $N(0,1)$ に従うのである．

z は，

$$z = -\frac{1}{\sqrt{n}}(n-2k) \tag{7.6}$$

と書け，$n-2k$ は粒子の位置だから，無数の粒子が $t=0$ に原点 $x=0$ を出発したとすると，十分時間がたった後，それらの粒子は原点を中心として幅が $1/\sqrt{n}$ 程度の正規分布の形に広がるといってもよい．個々の粒子は，図7-3 のようなでたらめな運動をしているが，全体としてみると図7-5 のように滑らかな山の形をして広がっていき，時間がたつにつれてその山は幅が広くなっていくことになる．これはインクを水中に1滴おとしたときにインクが広がっていく拡散現象と同じであり，ランダムウォークは拡散現象の簡単なモデルになっている．

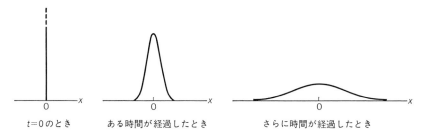

| $t=0$ のとき | ある時間が経過したとき | さらに時間が経過したとき |

図 7-5　粒 子 の 拡 散
最初 $x=0$ にいた無数の粒子は正規分布の形を保ちながら広がっていく．

ランダムウォークは差分方程式で表わすことができる．時刻 $t=n$ で $x=m$ にいる確率を $P(m,n)$ とすると，左右へすすむ確率を p,q と書いて

$$P(m,n) = pP(m-1,n-1) + qP(m+1,n-1) \tag{7.7}$$

が成り立つ．すなわち，時刻 n で $x=m$ にいる粒子は，時刻 $n-1$ で $x=m-1$ にいた粒子が確率 p できたものか，$x=m+1$ にいた粒子が確率 q できたものかのどちらかである．$t=0$ で $x=0$ にいる条件は

$$P(0,0)=1, \quad P(m,0)=0 \quad (m \neq 0) \tag{7.8}$$

である．この差分方程式を $n=1,2,3,\cdots$ と順次解いていけば，(7.1)のような確率が計算できることになる．

―――――――――― 問 題 7-1 ――――――――――

1. $t=1$ から始めて $t=1,2,3,\cdots$ の各時刻にまともな硬貨を1回ずつ投げる試行を考える．時刻 $t=n$ において，それまでに出た表の回数と裏の回数の差の絶対値（たとえば表が3回，裏が4回なら $|3-4|=1$）を確率変数 $X(n)$ とする．

(i) $t=1$ から4までの場合に限って，標本関数 $x(t)$ のすべてを求めよ．

(ii) $X(4)$ のとりうる値すべてについて，その値をとる確率を求めよ．

2. (7.7)の差分方程式を $p=1/3$ の場合について解き，$t=3$ のときに粒子が $x=m$ にいる確率 $P(m,3)$ をすべての m について求めよ．ただし，$t=0$ で粒子は原点 $x=0$ にいるとする．

3. ある生物集団を考え，時刻 t でその生物が n 匹存在する確率を $P(n,t)$ と表わすことにする．微小時間 Δt の間に生物が1匹生まれる確率が $\lambda \Delta t$ であるとき，$P(n,t+\Delta t)$ を $P(n,t)$ で表わせ．ただし，1匹生まれる確率 $\lambda \Delta t$ はその時刻までに存在していた生物の数によらないとする．また微小時間 Δt の間に2匹以上生まれることもないとする．

[注] このような確率過程をポアソン過程という．

―――――――――――――――――――

7-2 マルコフ過程

マルコフ過程 ランダムウォークでは時刻 $t=n$ に粒子のいる位置は，すぐ前の時刻 $t=n-1$ に粒子のいる位置から確率的に決まっていた．このように，ある時刻の状態が前の時刻の状態だけに関係しているような確率過程をマルコ

フ過程(Markov process)という．特にすぐ前の時刻のみに関係しているときを**単純マルコフ過程**，いくつか前(i個)の時刻まで関係しているときはi**重マルコフ過程**という．ふつうマルコフ過程というときには，ランダムウォークの例のように単純マルコフ過程のことを指し，以下ではその場合だけを考える．

　推移確率　マルコフ過程を一般的に表わすのに，条件付き確率が使える．いま，時刻$0, 1, 2, \cdots, n-1$で$X(t)$が$a_0, a_1, \cdots, a_{n-1}$の値をとったときに，時刻$n$で$X(t)=a_n$となる条件付き確率を

$$P(X(n)=a_n | X(0)=a_0, X(1)=a_1, \cdots, X(n-1)=a_{n-1})$$

と表わすことにする．(　)の中の区分線│の後ろがすべて条件なのである．するとマルコフ過程は，$X(n)$が$X(n-1)$のみに依存するので，条件付き確率が

$$P(X(n)=a_n | X(n-1)=a_{n-1})$$

と表わされるような確率過程であるということができる．この確率は時刻nにそれまでa_{n-1}にあった状態からa_nという状態へ移る確率を表わすと考えることができるので，特に**推移確率**(transition probability)という．

　左右へすすむ確率が同じランダムウォークの場合で，たとえば，時刻$t=4$で$x=2$の位置にいるとき，右へすすむ確率は$1/2$だから，

$$P(X(5)=3 | X(4)=2) = \frac{1}{2}$$

となるわけである．この例では，時刻$t=5$における推移を考えたが，一般の時刻$t=n$でも$x=2$の状態から$x=3$の状態へ推移する確率はやはり$1/2$である．すなわち，時刻nと無関係に

$$P(X(n)=3 | X(n-1)=2) = \frac{1}{2}$$

がなりたっている．他の状態推移も同じことである．このように，すべての推移確率が時刻に無関係に決まっているマルコフ過程を**時間的に一様なマルコフ過程**という．

　時間的に一様なマルコフ過程の代表例として，もともとマルコフ自身が考えた次のものがある．

[例1] 2つの壺A, Bがあり,Aには赤球が2個,Bには白球が2個入っている.それぞれの壺から1個ずつ球をとり出して交換して壺へ戻すことにする.このような操作を何回も繰り返したとき壺の中の球の状態はどう変わっていくだろうか.

この例で推移確率をすべて求めてみる.いま,時刻 $t=0,1,2,\cdots,n,\cdots$ で操作を行なうとし,操作を行なった直後のAの壺の中にある白球の数を確率変数 $X(t)$ とする.$X(t)$ のとりうる値は $0,1,2$ のいずれかである.

時刻 $n-1$ で $X(n-1)=0$ である(Aに白球が入っていない)ときには,時刻 n では必ず $X(n)=1$ となるから

$$P(X(n)=1|X(n-1)=0) = 1$$

である.

時刻 $n-1$ で $X(n-1)=1$ である(Aに白球が1個入っている)ときには,$X(n)=0,1,2$ の3通りの可能性がある.$X(n)=0$ となるのは,Aから白球をとり出しBから赤球をとり出すときだから

$$P(X(n)=0|X(n-1)=1) = \frac{1}{2}\times\frac{1}{2} = \frac{1}{4}$$

$X(n)=1$ となるのは,Aから白球をとり出しBからも白球をとり出すときか,Aから赤球をとり出しBからも赤球をとり出すときだから,

$$P(X(n)=1|X(n-1)=1) = \frac{1}{2}\times\frac{1}{2}+\frac{1}{2}\times\frac{1}{2} = \frac{1}{2}$$

また $X(n)=2$ となるのは,Aから赤球をとり出しBから白球をとり出すときだから

$$P(X(n)=2|X(n-1)=1) = \frac{1}{2}\times\frac{1}{2} = \frac{1}{4}$$

である.

時刻 $n-1$ で $X(n-1)=2$ である(Aに白球が2個入っている)ときには,必ず $X(n)=1$ であるから,

$$P(X(n)=1|X(n-1)=2) = 1$$

である.

以上ですべての場合をつくしている.

この過程はどんな時刻 n を考えても,推移確率が n によらずに決まっているので,時間的に一様なマルコフ過程である.

推移行列 時間的に一様なマルコフ過程では,推移確率をまとめて表現するのに行列を使うと便利である.

例1の推移確率を表にすると,表7-2のようになる.たとえば,$X(n-1)=1$ のとき $X(n)=0$ となる確率は表の第1列と第2行の交わるところの値 1/4 というわけである.

表 7-2

$X(n-1)$ \ $X(n)$	0	1	2
0	0	1	0
1	1/4	1/2	1/4
2	0	1	0

この表を行列で表わした

$$\begin{pmatrix} 0 & 1 & 0 \\ 1/4 & 1/2 & 1/4 \\ 0 & 1 & 0 \end{pmatrix}$$

を**推移行列**(transition matrix)という.

一般に,時間的に一様なマルコフ過程で,確率変数 $X(t)$ が k 個の状態 $x_1, x_2, \cdots, x_k$ をとり,各時刻における状態 x_i から状態 x_j への推移確率を p_{ij} とするとき,推移行列は

$$P = \begin{pmatrix} p_{11} & p_{12} & \cdots & p_{1k} \\ p_{21} & p_{22} & \cdots & p_{2k} \\ \multicolumn{4}{c}{\cdots\cdots\cdots\cdots\cdots\cdots} \\ p_{k1} & p_{k2} & \cdots & p_{kk} \end{pmatrix} \tag{7.9}$$

となる.推移行列は条件付き確率を並べたもので,各行の和は必ず1になっていることに注意しよう.

例題 7.1 ある大学の先生は週1回のある講義を担当しているが,2週続けて休講にするのをできるだけ避けようと心がけている.この先生は1度休講すると,次の週は10%しか休講にしない.しかし休講しなかったときは,次の週で30%休講にする.ある週から次の週への推移行列を求めよ.

[解] 休講する状態を x_1,講義をする状態を x_2 と書く.推移確率はそれぞれ

$$p_{11} = P(X(n)=x_1|X(n-1)=x_1) = 0.1$$
$$p_{12} = P(X(n)=x_2|X(n-1)=x_1) = 1-0.1 = 0.9$$
$$p_{21} = P(X(n)=x_1|X(n-1)=x_2) = 0.3$$
$$p_{22} = P(X(n)=x_2|X(n-1)=x_2) = 1-0.3 = 0.7$$

である. (7.9)の行列の形で書くと

$$P = \begin{pmatrix} 0.1 & 0.9 \\ 0.3 & 0.7 \end{pmatrix}$$

チャップマン・コルモゴロフの式 推移確率 p_{ij} は1回の推移で状態 x_i から x_j へ移る確率を表わしているが, l 回の推移で状態 x_i から x_j へ移る確率を $p_{ij}{}^{(l)}$ と表わすと, $p_{ij}{}^{(l)}$ はどのようにして求められるであろうか.

$l=1$ のときは, もちろん $p_{ij}{}^{(1)}=p_{ij}$ である.

$l=2$ のとき, 1回の推移で x_i から $x_1, x_2, \cdots, x_k$ のうちのどこか x_r へいくとする. その確率は p_{ir} である. 2回目の推移で x_r から x_j へいけばよい. その確率は p_{rj} である. すなわち x_r を経由して x_i から x_j へ移る確率は $p_{ir}p_{rj}$ である. $r=1, 2, \cdots, k$ のすべての可能性を考えると,

$$p_{ij}{}^{(2)} = p_{i1}p_{1j} + p_{i2}p_{2j} + \cdots + p_{ik}p_{kj} = \sum_{r=1}^{k} p_{ir}p_{rj} \qquad (7.10)$$

となる. 結局, $p_{ij}{}^{(2)}$ を1回の推移に対する確率 p_{ij} の積の和で表わすことができた.

一般の l の場合, l' 回の推移で x_i から x_r へ移る確率は $p_{ir}{}^{(l')}$ であり, $l-l'$ 回の推移で x_r から x_j へ移る確率は $p_{rj}{}^{(l-l')}$ であるから, $r=1, 2, \cdots, k$ のすべてを加え合わせて,

$$\begin{aligned} p_{ij}{}^{(l)} &= p_{i1}{}^{(l')}p_{1j}{}^{(l-l')} + p_{i2}{}^{(l')}p_{2j}{}^{(l-l')} + \cdots + p_{ik}{}^{(l')}p_{kj}{}^{(l-l')} \\ &= \sum_{r=1}^{k} p_{ir}{}^{(l')}p_{rj}{}^{(l-l')} \end{aligned} \qquad (7.11)$$

となる. (7.11)を**チャップマン・コルモゴロフ**(Chapman-Kolmogorov)の式という.

(7.11)で $l'=1$ とすると,

$$p_{ij}{}^{(l)} = p_{i1}p_{1j}{}^{(l-1)} + p_{i2}p_{2j}{}^{(l-1)} + \cdots + p_{ik}p_{kj}{}^{(l-1)}$$

$$= \sum_{r=1}^{k} p_{ir}p_{rj}{}^{(l-1)} \tag{7.12}$$

となる．この式で$l=2$としたのが(7.10)である．$l=3$とすると

$$p_{ij}{}^{(3)} = \sum_{r=1}^{k} p_{ir}p_{rj}{}^{(2)} \tag{7.13}$$

となるが，$p_{rj}{}^{(2)}$は(7.10)で与えられているから，$p_{ij}{}^{(3)}$も1回の推移に対する確率p_{ij}で表わせることになる．以下同様に，$p_{ij}{}^{(4)}, p_{ij}{}^{(5)}, \cdots$もすべて$p_{ij}$で表わせることになる．

ところで，推移行列(7.9)の積の行列をつくると，

$$P^2 = \begin{pmatrix} p_{11} & p_{12} & \cdots & p_{1k} \\ p_{21} & p_{22} & \cdots & p_{2k} \\ \cdots\cdots\cdots\cdots\cdots \\ p_{i1} & p_{i2} & \cdots & p_{ik} \\ \cdots\cdots\cdots\cdots\cdots \\ p_{k1} & p_{k2} & \cdots & p_{kk} \end{pmatrix} \begin{pmatrix} p_{11} & p_{12} & \cdots & p_{1j} & \cdots & p_{1k} \\ p_{21} & p_{22} & \cdots & p_{2j} & \cdots & p_{2k} \\ \vdots & \vdots & & \vdots & & \vdots \\ p_{k1} & p_{k2} & \cdots & p_{kj} & \cdots & p_{kk} \end{pmatrix}$$

だから，積の行列の第i行第j列の成分は上の陰影をつけた行と列の各項をかけて加えたもの

$$p_{i1}p_{1j} + p_{i2}p_{2j} + \cdots + p_{ik}p_{kj}$$

に等しい．これは$p_{ij}{}^{(2)}$そのものである．すなわち，

$$P^2 = \begin{pmatrix} & \overset{\text{第}j\text{列}}{\vdots} & \\ \cdots\cdots p_{ij}{}^{(2)} \cdots\cdots \\ & \vdots & \end{pmatrix} \text{第}i\text{行}$$

のように2回の推移で状態がx_iからx_jへ移る確率$p_{ij}{}^{(2)}$がP^2の第i行第j列の要素になっている．

同様にP^3をつくると，(7.13)を使って第i行第j列の要素が$p_{ij}{}^{(3)}$となることがわかる．さらに，Pのl個の積の行列P^lの第i行第j列の要素が$p_{ij}{}^{(l)}$となることもわかる．つまり，l回の推移で状態x_iからx_jへ移る確率を求めた

いときには，推移行列 P を l 回かけたもの P^l をつくり，その第 i 行第 j 列の要素をみればよい．

例題7.2 例題7.1の先生が，ある週に休講して，3週間後にも休講する確率はいくらか．

［解］ $p_{11}{}^{(3)}$ を求めればよい．そのために P^3 を計算する．

$$P^2 = \begin{pmatrix} 0.1 & 0.9 \\ 0.3 & 0.7 \end{pmatrix} \begin{pmatrix} 0.1 & 0.9 \\ 0.3 & 0.7 \end{pmatrix} = \begin{pmatrix} 0.28 & 0.72 \\ 0.24 & 0.76 \end{pmatrix}$$

である．P をもう1度かけて（どちらからかけても同じである）

$$P^3 = \begin{pmatrix} 0.1 & 0.9 \\ 0.3 & 0.7 \end{pmatrix} \begin{pmatrix} 0.28 & 0.72 \\ 0.24 & 0.76 \end{pmatrix} = \begin{pmatrix} 0.244 & 0.756 \\ 0.252 & 0.748 \end{pmatrix}$$

第1行第1列の要素が $p_{11}{}^{(3)}$ である．［答］ 24.4%

推移の極限 l 回の推移で状態 x_i から x_j へ移る確率 $p_{ij}{}^{(l)}$ において l をどんどん大きくしていくと，その値は一定値に近づく．

たとえば，例題7.2で P^4, P^5 を計算してみると，

$$P^4 = \begin{pmatrix} 0.2512 & 0.7488 \\ 0.2496 & 0.7504 \end{pmatrix}, \quad P^5 = \begin{pmatrix} 0.24976 & 0.75024 \\ 0.25008 & 0.74992 \end{pmatrix}$$

である．第1列の $p_{11}{}^{(l)}, p_{21}{}^{(l)}$ はともに $p_1=0.25$ という値に，また第2列の $p_{12}{}^{(l)}, p_{22}{}^{(l)}$ は $p_2=0.75$ という値に近づくことがわかる．

$p_{ij}{}^{(l)}$ の添字の j は移った先を表わしているから，P^l の第1列の量は x_1 の状態に推移する確率であり，第2列の量は x_2 の状態に推移する確率である．つまり，どんな状態から出発しても十分時間がたてば，x_1 の状態にある（休講する）確率は25%であり，x_2 の状態にある（講義する）確率は75%である．例題の先生は長い間には25%休講するということをこの結果は示している．このように，$p_{ij}{}^{(l)}$ で $l \to \infty$ の極限をとったものは，長時間ののちに j という状態にある確率 p_j を表わす．

極限の確率 p_j を求めるには，$l \to \infty$ の極限ではもう1回推移してもその状態にある確率は変化しないという事実を使えばよい．たとえば，例題7.2の場合，極限の確率を (p_1, p_2) のベクトルで表わして，

$$(p_1, p_2)\begin{pmatrix} 0.1 & 0.9 \\ 0.3 & 0.7 \end{pmatrix} = (p_1, p_2)$$

から p_1, p_2 が求まることになる．実際，上の式から

$$0.1p_1 + 0.3p_2 = p_1$$
$$0.9p_1 + 0.7p_2 = p_2$$

が得られる．第1式より $p_1 = p_2/3$ である．第2式も同じ結果となるため，これだけでは解けない．しかし，確率の和が1であるという条件 $p_1 + p_2 = 1$ を使うと，$p_1 = 0.25$, $p_2 = 0.75$ が得られることになる．

例題 7.3 例1の壺の問題で球をとり出す操作を何回もくり返したとき，Aの壺の中にそれぞれ白球が1個もない，1個ある，2個ある確率を求めよ．

[解] 1個もない状態の確率を p_0, 1個ある確率を p_1, 2個ある確率を p_2 とする．

$$(p_0, p_1, p_2)\begin{pmatrix} 0 & 1 & 0 \\ 1/4 & 1/2 & 1/4 \\ 0 & 1 & 0 \end{pmatrix} = (p_0, p_1, p_2)$$

を解けばよい．各列から

$$\left. \begin{aligned} \frac{1}{4}p_1 &= p_0 \\ p_0 + \frac{1}{2}p_1 + p_2 &= p_1 \\ \frac{1}{4}p_1 &= p_2 \end{aligned} \right\} \quad (p_0 + p_1 + p_2 = 1)$$

が得られる．これらを解いて，$p_1 = 2/3$, $p_0 = p_2 = 1/6$ を得る．

[答] $p_0 = \dfrac{1}{6}$, $p_1 = \dfrac{2}{3}$, $p_2 = \dfrac{1}{6}$

問題 7-2

1. 市場を占有しているNとSという2つの銘柄の酒がある．消費者は月1本酒を買うが，ある月に銘柄Nを買うと次の月も銘柄Nを買う確率は80%，銘柄Sを買う確率は20%である．また銘柄Sを買うと次の月に銘柄Sを買う確率は70%，

銘柄Nを買う確率は30%である.
 (i) ある月に銘柄Nを買う人の割合が20%であったとき,次の月に銘柄Nを買う人の割合を求めよ.
 (ii) ある月に銘柄Sを買った人が2カ月後にも銘柄Sを買う確率を求めよ.
 (iii) 何カ月もたったとき,銘柄NとSの市場占有率はそれぞれいくらになるか.

2. 図のように1, 2, 3の番号のついた箱があり,1匹の小さな虫が箱から箱へとびまわっている.小さな虫は時刻$t=0$でどれかの箱にいて,$t=1, 2, 3, \cdots$の時刻に移動するものとする.移動する確率はすべての時刻で同じであり,た

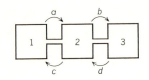

とえば1の箱にいるとき,2の箱へ移る確率がa,移らずに1の箱に留まる確率が$1-a$である.他の移動の確率も図のように定まっている.
 (i) 各時刻における箱i ($i=1, 2, 3$)から箱j ($j=1, 2, 3$)への推移確率p_{ij}について,推移行列を求めよ.
 (ii) 時刻nにi番目の箱にいる確率を$P(i, n)$とするとき,$i=1, 2, 3$について$P(i, n+1)$を$P(i, n)$で表わせ.

[注] このような確率過程は**出生死滅過程**の一例である.

第7章演習問題

[1] 右へ行く確率と左へ行く確率が同じランダムウォークにおいて,最初原点にいた粒子が時刻$t=1000$で$-50 \sim 50$の位置にいる(すなわち$-50 \leq x(1000) \leq 50$)確率を求めよ.

[2] 問題7-1問3のポアソン過程を考える.
 (i) $\Delta t \to 0$の極限をとると,$P(n, t)$は
$$\begin{cases} \dfrac{dP(n, t)}{dt} = -\lambda P(n, t) + \lambda P(n-1, t) & (n \geq 1) \\ \dfrac{dP(0, t)}{dt} = -\lambda P(0, t) \end{cases}$$

を満足することを示せ.

(ii) (i)の微分方程式が

$$P(n,t) = A\frac{(\lambda t)^n}{n!}e^{-\lambda t}$$

の解をもつことを確かめよ. ただし A は定数である.

(iii) 時刻 t に i 匹いる確率 $P(i,t)$ の $i=0,1,2,\cdots$ についての和は1であるという条件から, (ii)の定数 A を決定せよ.

(iv) この過程で時刻 t までに少なくとも1匹生まれている確率はいくらか.

[3] A, B 2人があるゲームをして, 1回の勝負で勝った方が負けた方から1円もらうことにする. 最初 A が x 円, B が $m-x$ 円もっているとしたとき, A が破産する(お金がなくなる)確率 $P(x)$ を求めたい. ただし, A が1回の勝負で勝つ確率は p であることがわかっているとする.

(i) $P(x)$ は次の式を満足することを示せ.

$$P(x) = pP(x+1) + (1-p)P(x-1) \quad (1 \leq x \leq m-1)$$
$$P(0) = 1, \quad P(m) = 0$$

(ii) (i)の $1 \leq x \leq m-1$ に対する式は

$$P(x) = c_1 + c_2\left(\frac{1-p}{p}\right)^x \quad (c_1, c_2 \text{ は定数})$$

という解をもっている. $P(0)=1$, $P(m)=0$ の条件から c_1, c_2 を決定せよ.

(iii) 最初 A が8円, B が2円もっており, A が1回の勝負に勝つ確率が $1/3$ のとき, A が破産する確率を求めよ.

[4] 1日1個ずつ製品を作る工場で, ある日に作った製品が正常なものであるとき, 翌日作る製品が正常なものである確率が60%, 不良品である確率が40%であるという. また, ある日に作った製品が不良品であるときは注意をするので, 翌日正常なものを作る確率が85%, 不良品を作る確率は15%になる.

(i) ある日に作った製品が不良品であるとき, 3日後もまた不良品である確率はいくらか.

(ii) 長い間にこの工場が作る不良品の割合はいくらか.

[5] ある歌手が,「私は引退する」と誰かに打ちあけた. その人はまた誰かにこの告白を伝え, それを聞いた人はまた誰かに伝える. このようにして,「引退する」というニュースはひろがっていく. ある人が次の人に伝えるとき, 聞いた内容を逆に伝える確

率がすこしでもあるとすると,たくさんの人を経由した結果,最初に歌手のいったことが正しく伝えられる確率はいくらになるか.

[6] 問題7-2問2の虫の移動で,虫は最初($t=0$で)箱1にいたとする.虫のいる箱の番号を確率変数 $X(t)$ とするとき,$X(3)=i\ (i=1,2,3)$ となる確率を求めよ.ただし $a=b=c=d=1/4$ とする.

Coffee Break

ゲームにおける「つき」の確率

筆者はゲームやかけごとが好きで,囲碁,将棋,麻雀,パチンコ,花札,何でもござれである.熱中しすぎて度を過ごし,家族からひんしゅくをかうことがしばしばある.ゲームをよくやる人なら「つき」を身をもって経験したことがあるに違いない.ついているときはおもしろいほど勝負に勝ち,ついていないときはいくら頑張っても負ける.

このような「つき」を確率・統計の立場で説明することができる.ランダムウォークの項でのべたように,確率1/2で動き回っているとき,平均値のまわりをうろうろしているよりも,どちらかの側に片よっていることの方がよく起こるのである.たとえば,麻雀のように4人でやるゲームを考えてみる.全ゲームの中で,だれかが3回以上つづけて1位になる確率は左表のようになる.

全ゲーム数	6	12	20	30	50
確率	0.20	0.45	0.62	0.78	0.92

3回以上つづけて最下位になる確率も同じである.意外にひんぱんに起きている.

したがって,ゲームをする場合,勝っているときは,その調子をくずさないようにし,負けているときは,じっとこらえて負けを最小限にくいとめるという姿勢をもつことが肝要である.

さらに勉強するために

本書では確率・統計の基礎といくつかの応用について学んできた．さらに高度な内容を勉強したい諸者に，さまざまな本を紹介しておこう．

まず，レベルは本書と同程度であるが，

[1]　小針晛宏：『確率・統計入門』，岩波書店 (1973)

を薦めたい．じつは，筆者が学生のころ確率・統計を最初に教わったのが小針先生であった．その講義ノートをまとめたのが [1] であるが，先生は本の完成をまたずに事故で急逝された．その語り口は独特であり，おもしろい例題をまじえながら，特に確率・統計の基礎となる数学をわかりやすく説明している．

古典的名著として，

[2]　伊藤清：『確率論』，岩波書店 (1953)

[3]　増山元三郎：『少数例のまとめ方』(1, 2)，竹内書店新社 (1964)

[4]　フェラー (河田龍夫，国沢清典監訳)：『確率論とその応用』(Ⅰ上・下，Ⅱ上・下)，紀伊國屋書店 (1960-70)

がある．[2] は確率論，確率過程の数学を厳密に扱ったものである．[3] は日本の推測統計学において記念碑的な本であるといわれている．[4] は世界的に有名な本で，基礎から応用まで広い範囲をカバーしている．

確率論と確率過程に関しては，さらに

[5]　斎藤慶一：『確率と確率過程』，サイエンス社(1974)

[6]　国沢清典：『確率論とその応用』，岩波書店(1982)

をあげておく．ともに応用を重視した書物である．

統計に関しては，

[7]　スネデカー，コクラン(畑村又好，奥野忠一，津村善郎訳)：『統計的方法』(原書第6版)，岩波書店(1972)

[8]　ガットマン，ウィルクス(石井恵一，堀素夫訳)：『工科系のための統計概論』，培風館(1968)

[9]　鈴木雪夫：『統計学』，朝倉書店(1987)

などがある．[7]は応用に必要な統計手法を網羅した本，[8]は特に工学的な例を具体的に示した本である．さらに，[9]はさまざまな統計モデルについて例をあげながら解説を加えている．

確率・統計の理工学における応用範囲はきわめて広い．どのような方面に応用されているかを知るための本として，

[10]　近藤次郎：『応用確率論』，日科技連(1970)

[11]　得丸英勝他編：『統計工学ハンドブック』，培風館(1987)

を紹介しておく．

コンピュータの発達によって，さまざまな新しい統計手法が実用化されるようになった．本書ではほとんどふれなかった方法に，多変量解析やノンパラメトリック統計などがある．このような手法を学ぶ本として，たとえば

[12]　ケンドール(奥野忠一，大橋靖雄訳)：『多変量解析』，培風館(1981)

[13]　柳川堯：『ノンパラメトリック法』，培風館(1981)

があげられる．

近年パソコンを利用して統計を学ぶ本が出版されるようになった．たとえば

[14]　脇本和昌，垂水共之，田中豊，白旗慎吾編：『パソコン統計解析ハンドブック』(I～IV)，共立出版(1984-87)

パソコンをもっている読者も多いであろうが，このような本を参考にして実際の統計処理に慣れることも薦める．

問題略解

第 1 章

問題 1-1

1. ベンの図を書けばよい. $n(A)=50$, $n(B)=40$, $n(A\cap B)=30$.
2. $3\times 3+3\times 3=18$.

問題 1-2

1. $_3P_2\times {_7P_7}=30240$.
2. $_{10}C_2\times {_4C_2}=270$.

問題 1-3

1. (i) $(1+1)^n=2^n$ を展開する. (ii) $(1-1)^n=0$ を展開する.
2. 与式 $=\sum \dfrac{4!}{n_1!n_2!n_3!}x^{n_1}1^{n_2}\left(-\dfrac{2}{x}\right)^{n_3}$. 定数項は $n_1=n_3$ となるもの.

$$\dfrac{4!}{0!4!0!}x^0 1^4\left(-\dfrac{2}{x}\right)^0+\dfrac{4!}{1!2!1!}x^1 1^2\left(-\dfrac{2}{x}\right)^1+\dfrac{4!}{2!0!2!}x^2 1^0\left(-\dfrac{2}{x}\right)^2=1$$

第 1 章演習問題

[1] 略.

[2] 全体 $-$ (2 で割り切れる数$+$3 で割り切れる数$-$6 で割り切れる数)$=90-(45+$

$30-15)=30$.

[3] (i) $7\times5\times3-1=104$ 通り. (ii) $5\times7\times3-1-5\times4=84$ 通り.

[4] (i) $_7C_2\times_5C_2\times_3P_3=1260$. (ii) $_5P_5=120$. (iii) $1260-_3P_3\times(_4C_2+_4C_2\times2+_4C_2\times_2C_1\times2)=1008$.

[5] (i) n^r. (ii) $_nH_r$. (iii) $_nC_r$.

[6] $_3H_6=_8C_6=28$.

[7] (i) 90. (ii) 4860. (iii) 1215. (iv) 48. (v) -44.

[8] (i) $(1+x)^n=\sum_{r=0}^{n}{_nC_r}x^r$ を x で微分して, $n(1+x)^{n-1}=\sum_{r=1}^{n}r{_nC_r}x^{r-1}$. $x=1$ を代入する. (ii) 同じ式を x で積分して, $\dfrac{(1+x)^{n+1}}{n+1}=\sum_{r=0}^{n}{_nC_r}\dfrac{x^{r+1}}{r+1}+\dfrac{1}{n+1}$. $x=1$ を代入する.

第 2 章

問題 2–1

1. (i) $10/10000=0.001$. (ii) $4\times10\times9/10000=0.036$. (iii) $3\times10\times9/10000=0.027$. (iv) $6\times10\times9\times8/10000=0.432$. (v) $10\times9\times8\times7/10000=0.504$.

2. $\dfrac{4}{9}\times\dfrac{4}{9}\Big/\left(\dfrac{1}{6}\times\dfrac{1}{6}\right)=\dfrac{64}{9}$ 倍.

問題 2–2

1. $A:4$ の倍数, $B:5$ の倍数, $A\cap B:20$ の倍数. $P(A)=25/100$, $P(B)=20/100$, $P(A\cap B)=5/100$. (2.4) から $P(A\cup B)=25/100+20/100-5/100=0.4$.

2. $A:$ 少なくとも 1 問正解, $\bar{A}:$ すべて間違い. $P(A)=1-P(\bar{A})=1-1/2^{10}=1023/1024$.

問題 2–3

1. (i) $(6/10)\times(6/10)\times(6/10)=27/125$. (ii) $(6/10)\times(5/9)\times(4/8)=1/6$.

2. $E_i:i$ 回目の試行で E が起こる. $1-P(\bar{E}_1\cap\bar{E}_2\cap\cdots\cap\bar{E}_n)=1-P(\bar{E}_1)P(\bar{E}_2)\cdots P(\bar{E}_n)=1-(1-p)^n$.

3. $E:$ 純毛, $A:$ A 社の品, $B:$ B 社の品.

$$P(A|E) = \frac{P(A)P(E|A)}{P(A)P(E|A)+P(B)P(E|B)} = \frac{0.7\times 0.2}{0.7\times 0.2+0.3\times 0.4} = \frac{7}{13} \fallingdotseq 54\%$$

第2章演習問題

[1]　(i) $\frac{1}{4}$.　(ii) $\frac{4}{16}\times\frac{4}{15}\times\frac{4}{14}\times\frac{4}{13}=\frac{8}{1365}$.　(iii) $\frac{4}{16}\times\frac{4}{15}\times\frac{3}{14}\times\frac{3}{13}=\frac{3}{910}$.
(iv) $\frac{4}{16}\times\frac{3}{15}\times\frac{2}{14}\times\frac{1}{13}=\frac{1}{1820}$.

[2]　すっぱいラムネにあたらない確率は $\frac{6}{8}\times\frac{5}{7}\times\frac{4}{6}=\frac{5}{14}$.　∴　$1-\frac{5}{14}=\frac{9}{14}$.

[3]　4人を30日のそれぞれの日に分ける場合の数は 30^4 通り．どの日もたかだか1人しか生まれていない場合の数は $_{30}C_4\times 4!$．したがってどの日にも2人以上生まれていない確率は $_{30}C_4\times 4!/30^4 = 29\times 28\times 27/30^3 = 0.812$.　∴　$1-0.812=0.188$.

[4]　n 回で1度も6のゾロ目のでない確率は $(35/36)^n$．少なくとも1度でる確率は $1-(35/36)^n$．この値は $n=24$ のとき約 0.491，$n=25$ のとき約 0.506.　∴　25回以上.

[5]　A の勝つ確率 p は $\frac{1}{6}+\left(\frac{5}{6}\right)^2\times\frac{1}{6}+\left(\frac{5}{6}\right)^4\times\frac{1}{6}+\cdots=\frac{1}{6}\left\{1+\left(\frac{5}{6}\right)^2+\left(\frac{5}{6}\right)^4+\cdots\right\}$
$=\frac{1}{6}\frac{1}{1-(5/6)^2}=\frac{6}{11}$.　B の勝つ確率 q は $1-6/11=5/11$．［別解］$p+q=1$, $q=5p/6$ (A が1以外の目を出したときは，B が先攻になると考える)．この2式から同じ結果が得られる．

[6]　大小どちらかが8である場合の数は17通り．そのうち和が16以上は3通り．したがって，どちらかが8であるとき，和が16以上である確率は $3/17$．大きい方が8のとき小さい方が8以上である確率は $2/9$．

[7]　X: 赤球をとる, Y: 2回目が赤球．$P(X)=1/2$. $P(X\cap Y)=\frac{1}{2}\times\left(\frac{1}{6}\times\frac{1}{6}+\frac{5}{6}\times\frac{5}{6}\right)=13/36$. (2.10)から，$P(Y|X)=P(X\cap Y)/P(X)=13/18$.

[8]　E: 女子従業員．(2.18)から，

$$P(A|E) = \frac{P(A)P(E|A)}{P(A)P(E|A)+P(B)P(E|B)+P(C)P(E|C)+P(D)P(E|D)}$$
$$= \frac{0.45\times 0.25}{0.45\times 0.25+0.30\times 0.40+0.20\times 0.05+0.05\times 0.50}$$
$$= 45/107 \fallingdotseq 42\%$$

第 3 章

問題 3-1

1.

x	2	3	4	5	6	7	8	9	10	11	12
$f(x)$	1/36	2/36	3/36	4/36	5/36	6/36	5/36	4/36	3/36	2/36	1/36

グラフは略.

2. $\int_0^1 cxdx=1$ より $c=2$. $F(x)=0\ (x<0),\ x^2\ (0\leqq x\leqq 1),\ 1\ (1<x)$.

問題 3-2

1. $\mu=252/36=7,\ \sigma^2=(2-7)^2\times 1/36+(3-7)^2\times 2/36+\cdots+(12-7)^2\times 1/36\fallingdotseq 5.83$.

2. $\mu=1/3,\ \sigma^2=1/18$.

問題 3-3

1. $E[e^{tX}]=\int_0^\infty xe^{(t-1)x}dx=\left[x\dfrac{1}{t-1}e^{(t-1)x}\right]_0^\infty-\int_0^\infty \dfrac{1}{t-1}e^{(t-1)x}dx$. $t<1$ として,
$E[e^{tX}]=-\left[\dfrac{1}{(t-1)^2}e^{(t-1)x}\right]_0^\infty=\dfrac{1}{(1-t)^2}.$ $\dfrac{1}{(1-t)^2}=1+2t+3t^2+4t^3+\cdots$ であるから, (3.37) と比較して, $E[X]=2,\ E[X^2]=6,\ E[X^3]=24$.

2. (3.42) から, $g(y)=\dfrac{1}{2\sqrt{y}}\left(\dfrac{1}{\sqrt{2\pi}}e^{-y/2}+\dfrac{1}{\sqrt{2\pi}}e^{-y/2}\right)=\dfrac{1}{\sqrt{2\pi y}}e^{-y/2}$. ただし, $y>0$ である. $y\leqq 0$ のときは, $g(y)=0$.

問題 3-4

1. $f_1(0)=1/8,\ f_1(1)=3/8,\ f_1(2)=3/8,\ f_1(3)=1/8$, その他の x に対して $f_1(x)=0$. $f_2(0)=1/8,\ f_2(1)=5/16,\ f_2(2)=7/16,\ f_2(3)=1/8$, その他の y に対して $f_2(y)=0$.
$f(0|1)=\dfrac{f(0,1)}{f_2(1)}=\dfrac{1}{32}\bigg/\dfrac{5}{16}=\dfrac{1}{10}$. 同様に, $f(1|1)=f(2|1)=\dfrac{1}{8}\bigg/\dfrac{5}{16}=\dfrac{2}{5}$.
$f(3|1)=\dfrac{1}{32}\bigg/\dfrac{5}{16}=\dfrac{1}{10}$. 他の x に対しては $f(x|1)=0$である.

2. $1=\int_{-\infty}^\infty dx\int_{-\infty}^\infty dy\,ce^{-(x^2+y^2)/2}=\int_0^{2\pi}d\theta\int_0^\infty dr\,rce^{-r^2/2}=2\pi c[-e^{-r^2/2}]_0^\infty=2\pi c$.

$\therefore \ c = \dfrac{1}{2\pi}$. $f_1(x) = \displaystyle\int_{-\infty}^{\infty} \dfrac{1}{2\pi} e^{-(x^2+y^2)/2} dy = \dfrac{1}{2\pi} e^{-x^2/2} \int_0^{\infty} e^{-y^2/2} dy = \dfrac{1}{\sqrt{2\pi}} e^{-x^2/2}$.

問題 3-5

1. $f(1,1)=f(2,4)=f(3,9)=f(4,16)=f(5,25)=f(6,36)=1/6$, その他の x, y に対して $f(x,y)=0$. 3-2 節例 3 の結果から,$\mu_x=3.5$, $\sigma_x^2=35/12\doteqdot 2.92$. 同様に, $\mu_y=91/6\doteqdot 15.2$, $\sigma_y^2=5369/36\doteqdot 149.1$. (3.61) から $\sigma_{xy}\doteqdot 20.42$,(3.63) から $\rho_{xy}\doteqdot 0.979$.

2. $f(x,y)=e^{-x}e^{-y}=f_1(x)f_2(y)$ ($x, y \geqq 0$ のとき) と書けるので X, Y は独立である.(3.66)から $g_1(z)=\displaystyle\int_{-\infty}^{\infty} f_1(z-w)f_2(w)dw = \int_0^z e^{-(z-w)}e^{-w}dw = e^{-z}\int_0^z dw = ze^{-z}$ (ただし $z\geqq 0$) となる. $z<0$ では $g_1(z)=0$ である.

第 3 章演習問題

[1] $f(x)=1/2^x$ ($x=1,2,3,\cdots$). $\displaystyle\sum_{x=1}^{\infty} f(x) = \dfrac{1}{2} + \left(\dfrac{1}{2}\right)^2 + \left(\dfrac{1}{2}\right)^3 + \cdots = \dfrac{1}{2}\dfrac{1}{1-1/2} = 1$. $5\leqq X\leqq 10$ となる確率は $1/2^5+1/2^6+\cdots+1/2^{10}=63/1024$.

[2] $f(1)=f(2)=f(8)=f(9)=1/15$, $f(3)=f(4)=f(6)=f(7)=2/15$, $f(5)=1/5$, その他の x で $f(x)=0$. $F(x)=0$ ($x<1$), $1/15$ ($1\leqq x<2$), $2/15$ ($2\leqq x<3$), $4/15$ ($3\leqq x<4$), $2/5$ ($4\leqq x<5$), $3/5$ ($5\leqq x<6$), $11/15$ ($6\leqq x<7$), $13/15$ ($7\leqq x<8$), $14/15$ ($8\leqq x<9$), 1 ($9\leqq x$). グラフは略. (3.14) から $\mu=5$,(3.23) から $\sigma^2=14/3$. $\therefore \ \sigma=\sqrt{14/3}\doteqdot 2.16$.

[3] (3.9) から, $\displaystyle\int_{-1}^{1} c(1-x^2)dx=1$ を解いて $c=3/4$. この分布は $x=0$ について対称なので $\mu=0$. (3.24) から,$\sigma^2 = \displaystyle\int_{-1}^1 x^2\cdot\dfrac{3}{4}(1-x^2)dx = 1/5$.

[4] (3.11) から $x\geqq 0$ のとき $F(x)=\displaystyle\int_0^x e^{-y}dy=1-e^{-x}$, $x<0$ のときは $F(x)=0$. $\mu=1$, $\sigma^2=1$, $\gamma=2$.

[5] (3.25) で $a=2$ とすると,$P(|X-172|\geqq 10)=P(X\geqq 182$ または $X\leqq 162)\leqq 1/4$. $(1/4)\times 320=80$. $\therefore$ 80 人以下.

[6] $E[e^{tX}]=\displaystyle\int_0^{\infty} e^{-x}e^{tx}dx=1/(1-t)$, ただし $t<1$ である. $1/(1-t)=1+t+t^2+\cdots$ であるから,(3.37)と比較して $E[X^n]=n!$.

[7] (3.42) から, $g(y)=\dfrac{1}{2\sqrt{y}}\left(\dfrac{e^{-\sqrt{y}}}{2}+\dfrac{e^{-\sqrt{y}}}{2}\right)=\dfrac{1}{2\sqrt{y}}e^{-\sqrt{y}}$.

[8] (3.52) から $f_1(x)=\displaystyle\int_0^{\infty}\dfrac{2}{(1+x+y)^3}dy = \dfrac{1}{(1+x)^2}$, ただし $x\geqq 0$. $x<0$ のときは, $f_1(x)=0$. (3.56) から $f(y|x)=2(1+x)^2/(1+x+y)^3$. ただし $x\geqq 0$, $y\geqq 0$. $x\geqq 0$,

$y<0$ のときは $f(y|x)=0$. $x<0$ のときは $f(y|x)$ は定義されない.

[9] $f(x,y)=f_1(x)f_2(y)$ と書けないので独立でない. 問題 3-4 問 2 と同様の変換をして, $\mu_x=\int_{-\infty}^{\infty}dx\int_{-\infty}^{\infty}dy\dfrac{x}{2\pi\sqrt{x^2+y^2}}\exp[-\sqrt{x^2+y^2}]=\int_0^{2\pi}d\theta\int_0^{\infty}dr\dfrac{r}{2\pi}e^{-r}\cos\theta=0$. 同様に $\mu_y=0$. (3.62) の $\sigma_{xy}=\int_{-\infty}^{\infty}dx\int_{-\infty}^{\infty}dy\dfrac{xy}{2\pi\sqrt{x^2+y^2}}\exp[-\sqrt{x^2+y^2}]=0$ も示せる. ∴ $\rho_{xy}=0$.

第 4 章

問題 4-1

1. (4.1) で $n=3$, $p=1/10$. 不良品をとらない確率は $f(0)={}_3C_0(1/10)^0(9/10)^3=0.729$, 不良品を少なくとも 1 回とる確率は $1-0.729=0.271$, 約 27%.

2. (4.1) で $n=30$, $p=1/6$. (4.5) から平均は $\mu=30\times(1/6)=5$. (4.10) から標準偏差は $\sigma=\sqrt{30\times(1/6)\times(5/6)}\doteqdot 2.04$.

問題 4-2

1. ポアソン分布 (4.14) で $\mu=2$. $f(0)+f(1)+\cdots+f(x)>0.9$ ならよい. ただし $f(x)=(2^x/x!)e^{-2}$. $\sum_{x=0}^{3}f(x)\doteqdot 0.857$, $\sum_{x=0}^{4}f(x)\doteqdot 0.947$. ∴ 4 尾.

2. 多項分布 (4.16) で $p_1=1/6$, $p_2=2/6$, $p_3=3/6$, $n=6$. $x_1=x_2=0$, $x_3=6$ となる確率は $\dfrac{6!}{0!0!6!}\left(\dfrac{1}{6}\right)^0\left(\dfrac{2}{6}\right)^0\left(\dfrac{3}{6}\right)^6=0.0156=1.56\%$.

3. 超幾何分布 (4.20) で, $N=8$, $M=5$, $n=3$. $x=3$ となる確率は ${}_5C_3\cdot{}_3C_0/{}_8C_3=5/28\doteqdot$ 約 18%.

問題 4-3

1. 内容量を X g として $Z=(X-980)/25$ は $N(0,1)$ に従う. $X>1000$ すなわち $Z>0.8$ となる確率は $\phi(0.8)=0.212$. $500\times 0.212=106$. ∴ 約 106 個.

2. 1 の目のでる回数を X とすると, 例題 4.3 と同じように, $Z=\left(X-200\times\dfrac{1}{6}\right)/\sqrt{200\times\dfrac{1}{6}\times\dfrac{5}{6}}$ は $N(0,1)$ に従うと考えてよい. $X<20$ すなわち $Z<-2.53$ となる確率は, $1-\phi(-2.53)=\phi(2.53)=0.0057$. ∴ 約 0.6%.

3. (4.33)と比較して，$\sigma_x\sigma_y\sqrt{1-\rho_{xy}{}^2}=240$, $(1-\rho_{xy}{}^2)\sigma_x\sigma_y/\rho_{xy}=320$. $\sigma_x\sigma_y$ を消去して解くと $\rho_{xy}=0.6$.

第4章演習問題

[1] 5人中3人以上が千円札で支払えばよい．千円札で支払う確率は0.4だから，(4.1) より，${}_5C_3(0.4)^3(0.6)^2+{}_5C_4(0.4)^4(0.6)^1+{}_5C_5(0.4)^5(0.6)^0 \fallingdotseq 0.317$. 約32%．

[2] 正確には超幾何分布を用いるが，2項分布で近似できる．不良品の確率は $100/500=0.2$. 5個の中に1個以下不良品を含んでいる確率は ${}_5C_1(0.2)^1(0.8)^4+{}_5C_0(0.2)^0(0.8)^5 \fallingdotseq 0.737$. 3箱全部そうである確率は $(0.737)^3 \fallingdotseq 0.400$. 約40%．

[3] 1日の事故件数は $\mu=1.5$ のポアソン分布に従うと考えてよい．3件以下の確率は (4.14) より，$\frac{1.5^0}{0!}e^{-1.5}+\frac{1.5^1}{1!}e^{-1.5}+\frac{1.5^2}{2!}e^{-1.5}+\frac{1.5^3}{3!}e^{-1.5} \fallingdotseq 0.934$. $1-0.934=0.066$. $1/0.066 \fallingdotseq 15.2$. 約15日．

[4] $\sigma^2=\sum_{x=0}^{\infty}(x-\mu)^2\frac{\mu^x}{x!}e^{-\mu}=\sum_{x=0}^{\infty}x^2\frac{\mu^x}{x!}e^{-\mu}-\mu^2=\sum_{x=1}^{\infty}\frac{x\mu^x}{(x-1)!}e^{-\mu}-\mu^2$ ((4.9) 参照)．$y=x-1$ とすると，$\sigma^2=\sum_{y=0}^{\infty}\frac{(y+1)\mu^{y+1}}{y!}e^{-\mu}-\mu^2=\mu\left(\sum_{y=0}^{\infty}\frac{y}{y!}\mu^y e^{-\mu}+\sum_{y=0}^{\infty}\frac{1}{y!}\mu^y e^{-\mu}\right)-\mu^2=\mu(\mu+1)-\mu^2=\mu$.

[5] ハートの札をとる確率 $1/4$, ダイヤの札をとる確率 $1/4$, 他の札をとる確率 $1/2$. (4.16) から $\frac{6!}{1!2!3!}\left(\frac{1}{4}\right)^1\left(\frac{1}{4}\right)^2\left(\frac{1}{2}\right)^3 \fallingdotseq 0.117$.

[6] (4.20) から，${}_2C_2 \cdot {}_6C_1/{}_8C_3 = 3/28$.

[7] 魚の大きさを X として $Z=(X-22)/9.2$ は $N(0,1)$ に従う．$P(X>35)=P(Z>1.4)=\phi(1.4) \fallingdotseq 0.08$. 約8%．

[8] $Z=(X-\mu)/\sigma$ とすると Z は $N(0,1)$ に従う．$P(|X-\mu|>c\sigma)=P(|Z|>c)=0.01$. 附表から $c=2.576$ である．

[9] $P(|m/n-0.5|>0.1)=0.01$ となればよい．m/n は平均 $1/2$, 分散 $1/4n$ の2項分布に従う．正規分布で近似すると，$Z=(m/n-0.5)/\sqrt{1/4n}$ は $N(0,1)$ に従う．$P(|m/n-0.5|>0.1)=P(|Z|>0.2\sqrt{n})$. 前問の結果から $0.2\sqrt{n}>2.576$ ならばよい．$n>(2.576/0.2)^2 \fallingdotseq 165.9$. ∴ 166回以上．

第 5 章

問題 5-1

1. たとえば,乱数表の 25 行目から 2 桁ずつ数字をよみとり,01〜32 までの数字だけとり出す.その他の数字や同じ数字は無視すればよい.その結果,08, 11, 22, 17, 23 が選ばれる.

2. その出版社の雑誌は保守的傾向が強く,また当時電話は経済的に余裕のある者が所有していた.いくら多数の標本を抽出しても,それがかたよったものであれば,母集団の特性をとらえることはできない.

問題 5-2

1. (1) 度数分布表は下のとおり.ヒストグラムは略. (2) $\bar{x} = 61.02\,\mathrm{kg}$. (3) $60\,\mathrm{kg}$.

階 級	標識	度数	階 級	標識	度数
49.5 – 52.5	51	3	64.5 – 67.5	66	3
52.5 – 55.5	54	7	67.5 – 70.5	69	2
55.5 – 58.5	57	10	70.5 – 73.5	72	3
58.5 – 61.5	60	13	73.5 – 76.5	75	3
61.5 – 64.5	63	5	76.5 – 79.5	78	1

2. 平均 687 人,分散 $(232\,\text{人})^2$,中央値 710 人.

問題 5-3

1. (5.8) から $\mu = 3.6$,(5.9) から $\sigma^2 = 10 \times 0.28 = 2.8$.

2. (5.13) で $n = 6$ として $\sigma = \sqrt{(6/5)(62)^2} = 67.9$.約 68 mg.

3. X の分布が母集団分布である.$\mu = (1+2+\cdots+9)/9 = 5$,$\sigma^2 = \{(1-5)^2 + (2-5)^2 + \cdots + (9-5)^2\}/9 = 6.67$.3 枚抽出したときの標本平均の期待値は (5.8) から 5,分散は (5.9) から $6.67/3 = 2.22$.

問題 5-4

1. 標本平均を $\bar{X}$ とする.(i) 例題 5.2 と同様に,$Z = \dfrac{\bar{X} - 2000}{300/\sqrt{100}}$ は $N(0,1)$ に従う.$\bar{X} = 2050$ のとき $Z \doteqdot 1.67$.$\phi(1.67) = 0.0475$.約 4.8%. (ii) 例題 5.3 と同様に,$Z = $

$\dfrac{\overline{X}-2000}{400/\sqrt{100-1}}$ は $N(0,1)$ に従う. $\overline{X}=2050$ のとき, $Z \doteqdot 1.24$. $\phi(1.24)=0.1075$. 約 11%.

(iii) 例題 5.4 と同様に, $Z=\dfrac{\overline{X}-2000}{300/\sqrt{10}}$ は $N(0,1)$ に従う. $\overline{X}=2050$ のとき, $Z \doteqdot 0.53$. $\phi(0.53)=0.2981$. 約 30%.

2. 管理限界は $\mu \pm 3\sigma/\sqrt{n} = 2000 \pm 3 \times 52/\sqrt{4} = 2000 \pm 78$. 標本平均 1920 g は, 下限 1922 g より小さいので, 異常があったと判断する.

問題 5–5

1. 例題 5.6 と同様に, $Z=9S^2/\sigma^2$ は自由度 $9-1=8$ の χ^2 分布に従う. 附表から $Z>15.51$ となる確率が $1/20=0.05$ であるから, $9 \times 1.0/\sigma^2 = 15.51$. $\sigma^2 = 9.0/15.51 \doteqdot 0.58$.

2. $m=4$, $n=7$, $S_m^2/S_n^2=10$ である. 例題 5.7 と同様に, $X=[4 \times 6/(7 \times 3)] \times 10 \doteqdot 11.4$. X は自由度 $(3, 6)$ の F 分布に従う. 附表 5 から $X>9.78$ となる確率が 1%. したがってそのような結果になる確率は 1% 以下.

3. 例題 5.9 の数値を使うと $T=\sqrt{X}=\sqrt{4.52} \doteqdot 2.13$. T は自由度 9 の t 分布に従う. 附表 6 から, $|T|>1.833$ となる確率がちょうど 10%. したがって, そのような結果になる確率は 10% 以下.

第 5 章演習問題

[1] (i)

階級	標識	度数
3.20–3.29	3.25	2
3.30–3.39	3.35	10
3.40–3.49	3.45	13
3.50–3.59	3.55	13
3.60–3.69	3.65	2

ヒストグラムは略. (ii) ボルト全部の標本平均 3.45 cm. 度数分布表からの標本平均 3.46 cm. (iii) たとえば乱数表の 1 行目で 2 桁ずつに区切って, 01～40 までの数字だけをとり出すと, 32, 26, 06, 39, 36 の 5 個の数字が得られる. その番号のボルトをとり出し平均をとると, 3.51 cm, 分散を計算すると, $(0.086 \text{ cm})^2$.

[2] (i) $\mu=50$, $\sigma^2=\dfrac{1}{99}\left(\sum_{k=1}^{49} k^2 \times 2\right)=\dfrac{49 \times 50}{3} \doteqdot 817$. (ii) $9/99 \doteqdot 0.09$.

(iii) (5.8) から $E[\overline{X}]=50$. (5.9) から $E[(\overline{X}-\mu)^2]=\dfrac{817}{5} \doteqdot 163$. (5.13) から $E[S^2]=(4/5) \times 817 \doteqdot 654$.

[3] (5.8) から $\mu=62.8$ g. (5.9) から $\sigma^2=20 \times (5.2)^2=(23.3 \text{ g})^2$.

[4] 5-4 節例題 5.2 と同様, 標本平均 $\overline{X}$ は $N(100.2, (1.6)^2/5)$ に従い, $Z=\dfrac{\overline{X}-100.2}{1.6/\sqrt{5}}$ は $N(0,1)$ に従う. $\overline{X}=99$ のとき $Z \doteqdot -1.67$, $\overline{X}=101$ のとき $Z \doteqdot 1.12$. 附表 2 より,

$\phi(1.12)=0.1314$, $\phi(-1.67)=1-\phi(1.67)=0.9525$. $0.9525-0.1314 \doteqdot 0.82$. 約 82%.

[5] $\mu=32$, $\bar{X}=29.2$, $S^2=(5.5)^2$ である．5-4 節例題 5.3 と同様，$Z=\dfrac{29.2-32}{5.5/\sqrt{25-1}}=-2.49$ は $N(0,1)$ に従っている．附表 2 より $Z<-2.49$ となる確率は 0.64%．したがって 100 回に 1 回も起こらない．

[6] 4 個の平均を $\bar{X}$ として，5-4 節例題 5.4 と同様，$Z=\dfrac{\bar{X}-1.2}{0.3/\sqrt{4}}$ は $N(0,1)$ に従う．$\bar{X}>1.5$ は $Z>2.0$ である．附表 2 より，その確率は $0.0228 \doteqdot$ 約 2.3%．

[7] (5.15) より $T_4(z)=ze^{-z/2}/4\ (z>0)$．$(d/dz)T_4(z)=(1-z/2)e^{-z/2}/4=0$ より，$z=2$ のとき $T_4(z)$ は最大となる．∴ $z_0=2$, $P(z>2)=\displaystyle\int_2^\infty ze^{-z/2}/4\,dz=2e^{-1}$．

[8] 命題 5-7 から，$X=(8-1)(-2.3+2.6)^2/0.16 \doteqdot 3.93$ は自由度 $(1,7)$ の F 分布に従う．附表 4 の値と比較して，このような結果を生ずる確率は 5% 以上．（命題 5-9 を用いてもよい．）

[9] (5.16) より $f_{2,2}(x)=4/[B(1,1)(2x+2)^2]$．(3.22) を用いて $f_{2,2}(x)=1/(x+1)^2$．$\displaystyle\int_t^\infty 1/(x+1)^2 dx=\alpha$ を積分して，$1/(t+1)=\alpha$．

[10] (5.18) で (3.21) を用いると，$f_1(t)=1/\pi(1+t^2)$．

$$\int_{-\infty}^\infty \frac{1}{\pi(1+t^2)}\,dt = \int_{-\pi/2}^{\pi/2} \frac{1}{\pi(1+\tan^2 x)}\frac{dx}{\cos^2 x} = \int_{-\pi/2}^{\pi/2}\frac{1}{\pi}dx = 1$$

第 6 章

問題 6-1

1. (6.2) から，母平均の不偏推定量は -2.0．(6.3) から，母分散の不偏推定量は $[7/(7-1)]\times 0.72=0.84$．

2. $L=\left(\dfrac{1}{\sqrt{2\pi}\sigma}\right)^3 \exp\left\{-\dfrac{\sum_{i=1}^{3}(x_i-\mu)^2}{2\sigma^2}\right\}$．$\dfrac{\partial L}{\partial \sigma}=-\dfrac{3}{\sigma^3}\left\{\sigma^2-\dfrac{1}{3}\sum_{i=1}^{3}(x_i-\mu)^2\right\}L=0$ より，σ^2 の最尤推定量は $\dfrac{1}{3}\displaystyle\sum_{i=1}^{3}(x_i-\mu)^2$．

問題 6-2

1. (i) (6.6) で $\gamma=99\%$ のとき，$z_1=2.576$ であるから，
$152-(28.6/\sqrt{16})\times 2.576 < \mu < 152+(28.6/\sqrt{16})\times 2.576$ ∴ $133.6 < \mu < 170.4$

(ii) (6.7) を使う．自由度 $(1,15)$ の F 分布で $\gamma=99\%$ となる $x_1=8.68$ であるから，

$152-\sqrt{8.68/15}\times 34.2 < \mu < 152+\sqrt{8.68/15}\times 34.2$ $\therefore$ $126.0 < \mu < 178.0$

2. $n=10$, $\bar{x}=1442.9$, $S^2=158.5$. 母平均は(6.7)を使う. 自由度$(1,9)$のF分布で$\gamma=95\%$となる$x_1=5.12$であるから

$$1442.9-\sqrt{\frac{5.12\times 158.5}{9}} < \mu < 1442.9+\sqrt{\frac{5.12\times 158.5}{9}} \quad \therefore \quad 1433.4 < \mu < 1452.4$$

母分散は(6.9)を使う. 自由度9のχ^2分布で$\gamma=95\%$となる$x_1=2.70$, $x_2=19.02$であるから

$$\frac{10\times 158.5}{19.02} < \sigma^2 < \frac{10\times 158.5}{2.70} \quad \therefore \quad 83.3 < \sigma^2 < 587$$

問題 6-3

1. H_0:「表のでる確率$=0.5$」. 4回とも表の確率は$(1/2)^4=0.0625>0.05$だからH_0は棄却できない(何ともいえない). 5回とも表のでる確率は$(1/2)^5=0.0313<0.05$だからH_0は棄却できる(表がでやすいといえる).

2. (i) H_1:「その箱の白石と黒石の割合は$1:2$である」. (ii) H_0のもとで白石の数Xは$Bin(6,1/2)$に従う. $f(0)=0.0156$, $f(1)=0.0938$, $f(2)=0.2344$, … であり, $X=0.1$となる確率は$0.1098<0.2000$. したがって棄却域は「白石0個と1個」. H_1のもとで白石を2個以上とる確率が第2種の誤りをおかす確率. H_1のもとでXは$Bin(6,1/3)$に従い, その確率は約65%.

問題 6-4

1. H_0:「$\mu=1800$」. (i) 例題6.7と同様. $Z=(1811-1800)/(15.0/\sqrt{20})=3.28>1.96$だから, H_0は棄却(規格からずれているといえる). (ii) 例題6.8と同様. $T=\sqrt{19}(1811-1800)/19.7=2.434>2.093$だから, H_0は棄却(やはり規格からずれているといえる).

2. H_0:「$\sigma^2=(10秒)^2$」, H_1:「$\sigma^2<(10秒)^2$」. $S^2=158.5$, $\sigma^2=100$. 自由度9のχ^2分布をみる. $Z=10\times 158.5/100=15.85<16.92$だから, H_0は棄却できない(ずれているといえない).

3. (i) 例題6.10と同様. H_0:「午前と午後の製品の分散は同じ」. $X=[8\times(10-1)\times 1.9]/[10\times(8-1)\times 1.4]=1.396$について, 自由度$(7,9)$と$(9,7)$の$F$分布をみる. $1/6.72<1.396<5.61$だからH_0は棄却できない(同じでないとはいえない). (ii) 母分散が同

じと仮定．H_0：「午前と午後の製品の強度平均は同じ」．例題 6.12 と同様．H_1：「午後の製品の方が強い」とする．自由度 16 の t 分布をみる．

$$T = \frac{\sqrt{8+10-2}(12.3-13.8)}{\sqrt{(1/8+1/10)(8\times 1.9 + 10\times 1.4)}} \doteqdot -2.34 < -1.746$$

だから H_0 は棄却(午後の製品の方が強いといえる)．

問題 6-5

1. H_0：「すべての目の出る確率は 1/6」．命題 6-1 より，

$$X = \frac{(16-100/6)^2}{100/6} + \frac{(14-100/6)^2}{100/6} + \cdots + \frac{(39-100/6)^2}{100/6} \doteqdot 39.7$$

は自由度 5 の χ^2 分布に従う．39.7＞11.07 だから H_0 は棄却(まともであるといえない)．

2. H_0：「死亡者数と性差は関係がない」．命題 6-2 より，

$$X = \frac{\left(279 - \dfrac{457\times 558000}{1172000}\right)^2}{\dfrac{457\times 558000}{1172000}} + \cdots + \frac{\left(613822 - \dfrac{1171543\times 614000}{1172000}\right)^2}{\dfrac{1171543\times 614000}{1172000}} \doteqdot 33.1$$

は自由度 1 の χ^2 分布に従う．33.1＞6.63 だから H_0 は棄却(死亡者数と性差は関係があるといえる)．

3. H_0：「ナッツ類を含む含まないは値段と無関係」．

$$X = \frac{\left(9 - \dfrac{21\times 30}{65}\right)^2}{\dfrac{21\times 30}{65}} + \cdots + \frac{\left(7 - \dfrac{44\times 12}{65}\right)^2}{\dfrac{44\times 12}{65}} \doteqdot 0.59$$

は自由度 2 の χ^2 分布に従う．0.59＜4.61 だから H_0 は棄却されない(なんともいえない)．

問題 6-6

1. $\bar{x}=48.2$, $s_x^2=8.17$, $\bar{y}=2727$, $s_y^2=527400$, $s_{xy}=2015$ となり，(6.29)〜(6.31) から，$a=-9160$, $b=247$, $C_{xy}=0.97$．

2. H_0：「兄弟の身長の母相関係数 $=0$」．命題 6-3 から $T=\sqrt{\dfrac{(15-2)(0.36)^2}{1-(0.36)^2}}=1.39$ は自由度 13 の t 分布に従う．1.39＜2.160 だから，H_0 は棄却されない(なんともいえない)．

3. 例題 6.17 と同様に，$Z=\dfrac{1}{2}\log\dfrac{1+0.64}{1-0.64}=0.758$．$-2.576<\sqrt{297}(Z-\zeta)<2.576$ より，$0.609<\zeta<0.907$，$0.543<\tanh\zeta<0.720$．∴ $0.54<\rho_{xy}<0.72$．

第6章演習問題

[1] $\bar{X}=2.66$, $S^2=0.110$ より，母平均の不偏推定量は 2.66．母分散の不偏推定量は $(5/4)\times 0.110 = 0.14$．

[2] $L = {}_nC_{x_1} \cdot {}_nC_{x_2} p^{x_1+x_2}(1-p)^{2n-x_1-x_2}$. $dL/dp=0$ より，$p=(x_1+x_2)/2n$．

[3] $\bar{X}=431.9$. $\alpha=80\%$ のとき，$431.9-(40/\sqrt{8})\times 1.282 < \mu < 431.9+(40/\sqrt{8})\times 1.282$．∴ $414<\mu<450$．$\alpha=95\%$ のとき，$431.9-(40/\sqrt{8})\times 1.960 < \mu < 431.9+(40/\sqrt{8})\times 1.960$．∴ $404<\mu<460$．

[4] 自由度 4 の t 分布で $\alpha=5\%$ のとき $t=2.776$．(6.8) より

$$2.66 - \frac{2.776}{\sqrt{5-1}}\sqrt{0.110} < \mu < 2.66 + \frac{2.776}{\sqrt{5-1}}\sqrt{0.110} \quad ∴ \quad 2.20 < \mu < 3.12$$

自由度 4 の χ^2 分布で $\alpha=2.5\%$ のとき $t=11.14$．$\alpha=97.5\%$ のとき $t=0.48$．(6.9) より，

$$5\times 0.110/11.14 < \sigma^2 < 5\times 0.110/0.48 \quad ∴ \quad 0.049 < \sigma^2 < 1.15.$$

[5] 3 つの数字が並ぶ確率を p として，H_0：「$p=1/100$」，H_1：「$p>1/100$」とする．並ぶ数字 X は $Bin(1000, 1/100)$ に従う．$\mu=10$，$\sigma^2=9.9$ で，$Z=(15-10)/\sqrt{9.9}=1.59$ は $N(0,1)$ に従う．$1.59<1.645$ だから H_0 は棄却されない（何ともいえない）．

[6] $\mu=5.3$，$\bar{X}=7.6$，$S^2=4.3$．H_0：「$\mu=5.3$」，H_1：「$\mu>5.3$」の片側検定．自由度 7 の t 分布をみて，

$$T = \frac{\sqrt{8-1}(7.6-5.3)}{\sqrt{4.3}} = 2.93 > 1.895$$

だから H_0 は棄却（長いといえる）．

[7] 6-4 節例題 6.11 と同様．H_0：「母平均は同じ」．

$$Z = (382-404) \bigg/ \sqrt{\frac{35^2}{5}+\frac{12^2}{5}} = -1.33 \text{ は } N(0,1) \text{ に従う．} -1.33 > -1.645$$

だから H_0 は棄却されない（何ともいえない）．

[8] A 工場の製品 $\bar{X}=213.1$，$S_x^2=0.69$，B 工場の製品 $\bar{Y}=212.6$，$S_y^2=0.94$．H_0：「母平均は同じ」．自由度 6 の t 分布をみて，

$$T = \sqrt{4+4-2}(213.1-212.6) \bigg/ \sqrt{\left(\frac{1}{4}+\frac{1}{4}\right)(4\times 0.69 + 4\times 0.94)} = 0.678 < 1.943$$

だから H_0 は棄却されない（何ともいえない）．

[9] H_0：「比率はあっている」．6-5 節例題 6.13 と同様．自由度 3 の χ^2 分布をみて，

$$X = \frac{(51-0.38\times 97)^2}{0.38\times 97} + \cdots + \frac{(9-0.09\times 97)^2}{0.09\times 97} \fallingdotseq 9.62 > 7.81$$

だから H_0 は棄却（あっているとはいえない）．

[10] H_0:「関係がない」. 6-5 節例題 6.14 と同様. 自由度 1 の χ^2 分布をみて,

$$X = \frac{\left(76 - \frac{107 \times 177}{447}\right)^2}{\frac{107 \times 177}{447}} + \cdots + \frac{\left(239 - \frac{340 \times 270}{447}\right)^2}{\frac{340 \times 270}{447}} = 58.1 > 6.63$$

だから H_0 は棄却(関係しているといえる).

[11] (i) X, Y の相関図は略. $\bar{x}=53.8$, $s_x^2=6.16$, $\bar{y}=57.5$, $s_y^2=8.45$, $s_{xy}=4.80$ であるから, $a=57.5-4.80\times 53.8/6.16 \doteqdot 15.6$, $b=4.80/6.16 \doteqdot 0.779$. (ii) $C_{xy}=4.80/\sqrt{6.16\times 8.45}=0.665$, $s_e^2=8.45(1-(0.665)^2)\doteqdot 4.71$. (iii) H_0:「$\rho_{xy}=0$」. (6.38) の $T=\sqrt{\frac{(10-2)\times(0.665)^2}{1-(0.665)^2}}=2.52$. 自由度 8 の t 分布の値 2.306 とくらべて, H_0 は棄却できる(相関があるといえる).

第 7 章

問題 7-1

1. (i)

$t=1$	2	3	4
$x(t)=$ 1	0	1	0
1	0	1	2
1	2	1	0
1	2	1	2
1	2	3	2
1	2	3	4

(ii) $X(4)=0$ となるのは 2 回表, 2 回裏となる場合. その確率は 6/16=3/8. 同様に, $X(4)=2$ となる確率は 8/16=1/2, $X(4)=4$ となる確率は 2/16=1/8.

2. $P(3,3)=1/27$, $P(1,3)=2/9$, $P(-1,3)=4/9$, $P(-3,3)=8/27$, その他の m に対して $P(m,3)=0$.

3. $P(n, t+\Delta t)=(1-\lambda\Delta t)P(n,t)+\lambda\Delta t P(n-1,t)$, ただし $n=1,2,3,\cdots$. $n=0$ のときは $P(0, t+\Delta t)=(1-\lambda\Delta t)P(0,t)$.

問題 7-2

1. 推移行列 $\begin{pmatrix} 0.8 & 0.2 \\ 0.3 & 0.7 \end{pmatrix}$.

(i) $(0.2 \ \ 0.8)\begin{pmatrix} 0.8 & 0.2 \\ 0.3 & 0.7 \end{pmatrix} = (0.4 \ \ 0.6)$ ∴ 40%

(ii) $\begin{pmatrix} 0.8 & 0.2 \\ 0.3 & 0.7 \end{pmatrix}^2 = \begin{pmatrix} 0.7 & 0.3 \\ 0.45 & 0.55 \end{pmatrix}$ ∴ 55%

(iii) $(p_1 \ p_2)\begin{pmatrix} 0.8 & 0.2 \\ 0.3 & 0.7 \end{pmatrix} = (p_1 \ p_2)$, $p_1+p_2=1$ を解いて, $p_1=60\%$, $p_2=40\%$. したがって銘柄 N と S の占有率はそれぞれ 60%, 40%.

2. (i) $\begin{pmatrix} 1-a & a & 0 \\ c & 1-b-c & b \\ 0 & d & 1-d \end{pmatrix}$

(ii) $n=0,1,2,\cdots$ に対して,
$P(1,n+1) = (1-a)P(1,n)+cP(2,n)$
$P(2,n+1) = aP(1,n)+(1-b-c)P(2,n)+dP(3,n)$
$P(3,n+1) = bP(2,n)+(1-d)P(3,n)$

第7章演習問題

[1] 時刻 $t=1000$ で粒子のいる位置を X とすると, $(1000-X)/2$ は $Bin(1000, 1/2)$ に従う. 正規分布で近似して $Z=-X/2\sqrt{250}$ は $N(0,1)$ に従う. $-50 \leq X \leq 50$ は $-1.58 \leq Z \leq 1.58$. 附表からその確率は約 89%.

[2] (i) $[P(n,t+\Delta t)-P(n,t)]/\Delta t = -\lambda P(n,t)+\lambda P(n-1,t)$ で極限をとる. (ii) 直接代入すればよい. (iii) $\sum_{n=0}^{\infty} A\dfrac{(\lambda t)^n}{n!}e^{-\lambda t}=1$. これは $\mu=\lambda t$ のポアソン分布の式(4.14)と同じ. $\therefore A=1$. (iv) 1匹も生まれていない確率 $e^{-\lambda t}$. $\therefore 1-e^{-\lambda t}$.

[3] (i) x 円もっている状態から1回目の勝負で, A が勝って最後に A は破産する確率は $pP(x+1)$, 負けて最後に破産する確率は $(1-p)P(x-1)$. x 円もっていて最後に破産する確率はその和である. $x=0$ のときは最初から破産しているので $P(0)=1$, $x=m$ のときは B が最初から破産しているので $P(m)=0$.

(ii) $c_1+c_2=1$, $c_1+c_2\left(\dfrac{1-p}{p}\right)^m=0$ から, $c_1=\dfrac{-\left(\dfrac{1-p}{p}\right)^m}{1-\left(\dfrac{1-p}{p}\right)^m}$, $c_2=\dfrac{1}{1-\left(\dfrac{1-p}{p}\right)^m}$

(iii) $m=10$, $(1-p)/p=2$ だから, $P(8)=\dfrac{2^8-2^{10}}{1-2^{10}}=\dfrac{768}{1023} \fallingdotseq 75\%$.

[4] 推移行列 $\begin{pmatrix} 0.6 & 0.4 \\ 0.85 & 0.15 \end{pmatrix}$.

(i) $\begin{pmatrix} 0.6 & 0.4 \\ 0.85 & 0.15 \end{pmatrix}^3 = \begin{pmatrix} 0.675 & 0.325 \\ 0.691 & 0.309 \end{pmatrix}$ より約 31%.

(ii) $(p_1 \ p_2)\begin{pmatrix} 0.6 & 0.4 \\ 0.85 & 0.15 \end{pmatrix} = (p_1 \ p_2)$, $p_1+p_2=1$ を解いて, $p_2=0.32$. したがって不良

品の割合 32%.

[5] p_1：引退する，p_2：引退しない． $(p_1 \ p_2)\begin{pmatrix} 1-a & a \\ a & 1-a \end{pmatrix} = (p_1 \ p_2)$, $p_1+p_2=1$ を解く．ただし $1>a>0$ である．$p_1=p_2=0.5$．したがって正しく伝わる確率はちょうど半分．

[6] 7.1 節問題 1 と同様．$P(x(3)=1)=35/64$, $P(x(3)=2)=21/64$, $P(x(3)=3)=1/8$.

附　　表

1. 乱数表の例
2. 正規分布　　$\phi(z) = \int_z^\infty \dfrac{1}{\sqrt{2\pi}} e^{-x^2/2} dx$ 　の値
3. χ^2 分布　　$\int_t^\infty T_n(x)dx = \alpha$ 　となる α と t の値
4. F 分布．その 1　$(\alpha = 0.05)$
   $$\int_t^\infty f_{m,n}(x)dx = 0.05$$ となる m, n, t の値
5. F 分布．その 2　$(\alpha = 0.01)$
   $$\int_t^\infty f_{m,n}(x)dx = 0.01$$ となる m, n, t の値
6. t 分布　　$\int_t^\infty f_n(x)dx = \dfrac{\alpha}{2}$ 　となる α, t の値

附表1　乱数表の例

	00-04	05-09	10-14	15-19	20-24	25-29	30-34	35-39	40-44	45-49
00	54463	22662	65905	70639	79365	67382	29085	69831	47058	08186
01	15389	85205	18850	39226	42249	90669	96325	23248	60933	26927
02	85941	40756	82414	02015	13858	78030	16269	65978	01385	15345
03	61149	69440	11286	88218	58925	03638	52862	62733	33451	77455
04	05219	81619	10651	67079	92511	59888	84502	72095	83463	75577
05	41417	98326	87719	92294	46614	50948	64886	20002	97365	30976
06	28357	94070	20652	35774	16249	75019	21145	05217	47286	76305
07	17783	00015	10806	83091	91530	36466	39981	62481	49177	75779
08	40950	84820	29881	85966	62800	70326	84740	62660	77379	90279
09	82995	64157	66164	41180	10089	41757	78258	96488	88629	37231
10	96754	17676	55659	44105	47361	34833	86679	23930	53249	27083
11	34357	88040	53364	71726	45690	66334	60332	22554	90600	71113
12	06318	37403	49927	57715	50423	67372	63116	48888	21505	80182
13	62111	52820	07243	79931	89292	84767	85693	73947	22278	11551
14	47534	09243	67879	00544	23410	12740	02540	54440	32949	13491
15	98614	75993	84460	62846	59844	14922	48730	73443	48167	34770
16	24856	03648	44898	09351	98795	18644	39765	17058	90368	44104
17	96887	12479	80621	66223	86085	78285	02432	53342	42846	94771
18	90801	21472	42815	77408	37390	76766	52615	32141	30268	18106
19	55165	77312	83666	36028	28420	70219	81369	41943	47366	41067
20	75884	12952	84318	95108	72305	64620	91318	89872	45375	85436
21	16777	37116	58550	42958	21460	43910	01175	87894	81378	10620
22	46230	43877	80207	88877	89380	32992	91380	03164	98656	59337
23	42902	66892	46134	01432	94710	23474	20423	60137	60609	13119
24	81007	00333	39693	28039	10154	95425	39220	19774	31782	49037
25	68089	01122	51111	72373	06902	74373	96199	97017	41273	21546
26	20411	67081	89950	16944	93054	87687	96693	87236	77054	33848
27	58212	13160	06468	15718	82627	76999	05999	58680	96739	63700
28	70577	42866	24969	61210	76046	67699	42054	12696	93758	03283
29	94522	74358	71659	62038	79643	79169	44741	05437	39038	13163
30	42626	86819	85651	88678	17401	03252	99547	32404	17918	62880
31	16051	33763	57194	16752	54450	19031	58580	47629	54132	60631
32	08244	27647	33851	44705	94211	46716	11738	55784	95374	72655
33	59497	04392	09419	89964	51211	04894	72882	17805	21896	83864
34	97155	13428	40293	09985	58434	01412	69124	82171	59058	82859
35	98409	66162	95763	47420	20792	61527	20441	39435	11859	41567
36	45476	84882	65109	96597	25930	66790	65706	61203	53634	22557
37	89300	69700	50741	30329	11658	23166	05400	66669	48708	03887
38	50051	95192	91631	66315	91428	12275	24816	68091	71710	33258
39	31753	85178	31310	89642	98364	02306	24617	09609	83942	22716

スネデカー，コクラン(畑村，奥野，津村訳)：『統計的方法』(原書第6版)，岩波書店(1972)より引用．

附表

附表 2　正規分布　　$\phi(z) = \int_z^\infty \frac{1}{\sqrt{2\pi}} e^{-x^2/2} dx$ の値

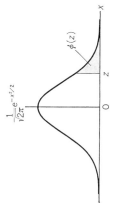

陰影部の面積が $\phi(z)$ の値である

陰影部の和が α となる z の値

α	z
0.01	2.576
0.02	2.326
0.05	1.960
0.10	1.645
0.20	1.282

z	0	1	2	3	4	5	6	7	8	9
0.0	0.5000	0.4960	0.4920	0.4880	0.4840	0.4801	0.4761	0.4721	0.4681	0.4641
0.1	0.4602	0.4562	0.4522	0.4483	0.4443	0.4404	0.4364	0.4325	0.4286	0.4247
0.2	0.4207	0.4168	0.4129	0.4090	0.4052	0.4013	0.3974	0.3936	0.3897	0.3859
0.3	0.3821	0.3783	0.3745	0.3707	0.3669	0.3632	0.3594	0.3557	0.3520	0.3483
0.4	0.3446	0.3409	0.3372	0.3336	0.3300	0.3264	0.3228	0.3192	0.3156	0.3121
0.5	0.3085	0.3050	0.3015	0.2981	0.2946	0.2912	0.2877	0.2843	0.2810	0.2776
0.6	0.2743	0.2709	0.2676	0.2643	0.2611	0.2578	0.2546	0.2514	0.2483	0.2451
0.7	0.2420	0.2389	0.2358	0.2327	0.2296	0.2266	0.2236	0.2206	0.2177	0.2148
0.8	0.2119	0.2090	0.2061	0.2033	0.2005	0.1977	0.1949	0.1922	0.1894	0.1867
0.9	0.1841	0.1814	0.1788	0.1762	0.1736	0.1711	0.1685	0.1660	0.1635	0.1611
1.0	0.1587	0.1562	0.1539	0.1515	0.1492	0.1469	0.1446	0.1423	0.1401	0.1379
1.1	0.1357	0.1335	0.1314	0.1292	0.1271	0.1251	0.1230	0.1210	0.1190	0.1170
1.2	0.1151	0.1131	0.1112	0.1093	0.1075	0.1056	0.1038	0.1020	0.1003	0.0985
1.3	0.0968	0.0951	0.0934	0.0918	0.0901	0.0885	0.0869	0.0853	0.0838	0.0823
1.4	0.0808	0.0793	0.0778	0.0764	0.0749	0.0735	0.0721	0.0708	0.0694	0.0681
1.5	0.0668	0.0655	0.0643	0.0630	0.0618	0.0606	0.0594	0.0582	0.0571	0.0559
1.6	0.0548	0.0537	0.0526	0.0516	0.0505	0.0495	0.0485	0.0475	0.0465	0.0455
1.7	0.0446	0.0436	0.0427	0.0418	0.0409	0.0401	0.0392	0.0384	0.0375	0.0367
1.8	0.0359	0.0351	0.0344	0.0336	0.0329	0.0322	0.0314	0.0307	0.0301	0.0294
1.9	0.0287	0.0281	0.0274	0.0268	0.0262	0.0256	0.0250	0.0244	0.0239	0.0233
2.0	0.0228	0.0222	0.0217	0.0212	0.0207	0.0202	0.0197	0.0192	0.0188	0.0183
2.1	0.0179	0.0174	0.0170	0.0166	0.0162	0.0158	0.0154	0.0150	0.0146	0.0143
2.2	0.0139	0.0136	0.0132	0.0129	0.0125	0.0122	0.0119	0.0116	0.0113	0.0110
2.3	0.0107	0.0104	0.0102	0.00990	0.00964	0.00939	0.00914	0.00889	0.00866	0.00842
2.4	0.00820	0.00798	0.00776	0.00755	0.00734	0.00714	0.00695	0.00676	0.00657	0.00639
2.5	0.00621	0.00604	0.00587	0.00570	0.00554	0.00539	0.00523	0.00508	0.00494	0.00480
2.6	0.00466	0.00453	0.00440	0.00427	0.00415	0.00402	0.00391	0.00379	0.00368	0.00357
2.7	0.00347	0.00336	0.00326	0.00317	0.00307	0.00298	0.00289	0.00280	0.00272	0.00264
2.8	0.00256	0.00248	0.00240	0.00233	0.00226	0.00219	0.00212	0.00205	0.00199	0.00193
2.9	0.00187	0.00181	0.00175	0.00169	0.00164	0.00159	0.00154	0.00149	0.00144	0.00139
3.0	0.00135	0.00131	0.00126	0.00122	0.00118	0.00114	0.00111	0.00107	0.00104	0.00100
3.1	0.00097	0.00094	0.00090	0.00087	0.00084	0.00082	0.00079	0.00076	0.00074	0.00071
3.2	0.00069	0.00066	0.00064	0.00062	0.00060	0.00058	0.00056	0.00054	0.00052	0.00050
3.3	0.00048	0.00047	0.00045	0.00043	0.00042	0.00040	0.00039	0.00038	0.00036	0.00035
3.4	0.00034	0.00032	0.00031	0.00030	0.00029	0.00028	0.00027	0.00026	0.00025	0.00024

附表3 χ^2 分布　　$\int_t^\infty T_n(x)dx = \alpha$ となる α と t の値

n \ α	0.975	0.950	0.900	0.500	0.100	0.050	0.025	0.010	0.005
1	…	…	0.02	0.45	2.71	3.84	5.02	6.63	7.88
2	0.05	0.10	0.21	1.39	4.61	5.99	7.38	9.21	10.60
3	0.22	0.35	0.58	2.37	6.25	7.81	9.35	11.34	12.84
4	0.48	0.71	1.06	3.36	7.78	9.49	11.14	13.28	14.86
5	0.83	1.15	1.61	4.35	9.24	11.07	12.83	15.09	16.75
6	1.24	1.64	2.20	5.35	10.64	12.59	14.45	16.81	18.55
7	1.69	2.17	2.83	6.35	12.02	14.07	16.01	18.48	20.28
8	2.18	2.73	3.49	7.34	13.36	15.51	17.53	20.09	21.96
9	2.70	3.33	4.17	8.34	14.68	16.92	19.02	21.67	23.59
10	3.25	3.94	4.87	9.34	15.99	18.31	20.48	23.21	25.19
11	3.82	4.57	5.58	10.34	17.28	19.68	21.92	24.72	26.76
12	4.40	5.23	6.30	11.34	18.55	21.03	23.34	26.22	28.30
13	5.01	5.89	7.04	12.34	19.81	22.36	24.74	27.69	29.82
14	5.63	6.57	7.79	13.34	21.06	23.68	26.12	29.14	31.32
15	6.27	7.26	8.55	14.34	22.31	25.00	27.49	30.58	32.80
16	6.91	7.96	9.31	15.34	23.54	26.30	28.85	32.00	34.27
17	7.56	8.67	10.09	16.34	24.77	27.59	30.19	33.41	35.72
18	8.23	9.39	10.86	17.34	25.99	28.87	31.53	34.81	37.16
19	8.91	10.12	11.65	18.34	27.20	30.14	32.85	36.19	38.58
20	9.59	10.85	12.44	19.34	28.41	31.41	34.17	37.57	40.00
30	16.79	18.49	20.60	29.34	40.26	43.77	46.98	50.89	53.67
40	24.43	26.51	29.05	39.34	51.80	55.76	59.34	63.69	66.77
50	32.36	34.76	37.69	49.33	63.17	67.50	71.42	76.15	79.49
60	40.48	43.19	46.46	59.33	74.40	79.08	83.30	88.38	91.95
70	48.76	51.74	55.33	69.33	85.53	90.53	95.02	100.42	104.22
80	57.15	60.39	64.28	79.33	96.58	101.88	106.63	112.33	116.32
90	65.65	69.13	73.29	89.33	107.56	113.14	118.14	124.12	128.30
100	74.22	77.93	82.36	99.33	118.50	124.34	129.56	135.81	140.17

スネデカー，コクラン（畑村，奥野，津村訳）：『統計的方法』（原書第6版），岩波書店(1972)より引用．

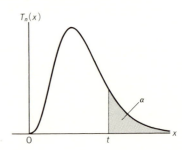

附表 4 F 分布. その 1 ($\alpha=0.05$) $\int_t^\infty f_{m,n}(x)dx = 0.05$ となる m, n, t の値

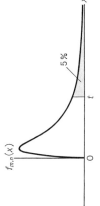

$f_{m,n}(x)$

5%

m \ n	1	2	3	4	5	6	7	8	9	10	12	15	20	30	40	60	120	∞
1	161.45	199.50	215.71	224.58	230.16	233.99	236.77	238.88	240.54	241.88	243.91	245.95	248.01	250.09	251.14	252.20	253.25	254.32
2	18.51	19.00	19.16	19.25	19.30	19.33	19.35	19.37	19.39	19.40	19.41	19.43	19.45	19.46	19.47	19.48	19.49	19.50
3	10.13	9.55	9.28	9.12	9.01	8.94	8.89	8.85	8.81	8.79	8.74	8.70	8.66	8.62	8.59	8.57	8.55	8.53
4	7.71	6.94	6.59	6.39	6.26	6.16	6.09	6.04	6.00	5.96	5.91	5.86	5.80	5.75	5.72	5.69	5.66	5.63
5	6.61	5.79	5.41	5.19	5.05	4.95	4.88	4.82	4.77	4.74	4.68	4.62	4.56	4.50	4.46	4.43	4.40	4.36
6	5.99	5.14	4.76	4.53	4.39	4.28	4.21	4.15	4.10	4.06	4.00	3.94	3.87	3.81	3.77	3.74	3.70	3.67
7	5.59	4.74	4.35	4.12	3.97	3.87	3.79	3.73	3.68	3.64	3.57	3.51	3.44	3.38	3.34	3.30	3.27	3.23
8	5.32	4.46	4.07	3.84	3.69	3.58	3.50	3.44	3.39	3.35	3.28	3.22	3.15	3.08	3.04	3.01	2.97	2.93
9	5.12	4.26	3.86	3.63	3.48	3.37	3.29	3.23	3.18	3.14	3.07	3.01	2.94	2.86	2.83	2.79	2.75	2.71
10	4.96	4.10	3.71	3.48	3.33	3.22	3.14	3.07	3.02	2.98	2.91	2.84	2.77	2.70	2.66	2.62	2.58	2.54
11	4.84	3.98	3.59	3.36	3.20	3.09	3.01	2.95	2.90	2.85	2.79	2.72	2.65	2.57	2.53	2.49	2.45	2.40
12	4.75	3.89	3.49	3.26	3.11	3.00	2.91	2.85	2.80	2.75	2.69	2.62	2.54	2.47	2.43	2.38	2.34	2.30
13	4.67	3.81	3.41	3.18	3.03	2.92	2.83	2.77	2.71	2.67	2.60	2.53	2.46	2.38	2.34	2.30	2.25	2.21
14	4.60	3.74	3.34	3.11	2.96	2.85	2.76	2.70	2.65	2.60	2.53	2.46	2.39	2.31	2.27	2.22	2.18	2.13
15	4.54	3.68	3.29	3.06	2.90	2.79	2.71	2.64	2.59	2.54	2.48	2.40	2.33	2.25	2.20	2.16	2.11	2.07
16	4.49	3.63	3.24	3.01	2.85	2.74	2.66	2.59	2.54	2.49	2.42	2.35	2.28	2.19	2.15	2.11	2.06	2.01
17	4.45	3.59	3.20	2.96	2.81	2.70	2.61	2.55	2.49	2.45	2.38	2.31	2.23	2.15	2.10	2.06	2.01	1.96
18	4.41	3.55	3.16	2.93	2.77	2.66	2.58	2.51	2.46	2.41	2.34	2.27	2.19	2.11	2.06	2.02	1.97	1.92
19	4.38	3.52	3.13	2.90	2.74	2.63	2.54	2.48	2.42	2.38	2.31	2.23	2.16	2.07	2.03	1.98	1.93	1.88
20	4.35	3.49	3.10	2.87	2.71	2.60	2.51	2.45	2.39	2.35	2.28	2.20	2.12	2.04	1.99	1.95	1.90	1.84
30	4.17	3.32	2.92	2.69	2.53	2.42	2.33	2.27	2.21	2.16	2.09	2.01	1.93	1.84	1.79	1.74	1.68	1.62
40	4.08	3.23	2.84	2.61	2.45	2.34	2.25	2.18	2.12	2.08	2.00	1.92	1.84	1.74	1.69	1.64	1.58	1.51
60	4.00	3.15	2.76	2.53	2.37	2.25	2.17	2.10	2.04	1.99	1.92	1.84	1.75	1.65	1.59	1.53	1.47	1.39
120	3.92	3.07	2.68	2.45	2.29	2.18	2.09	2.02	1.96	1.91	1.83	1.75	1.66	1.55	1.50	1.43	1.35	1.25
∞	3.84	3.00	2.60	2.37	2.21	2.10	2.01	1.94	1.88	1.83	1.75	1.67	1.57	1.46	1.39	1.32	1.22	1.00

$\int_t^\infty f_{a,b}(x)dx=0.95$ となる t の値は, この表の $m=b, n=a$ に対する値の逆数である.

附表

附表 5　F 分布. その 2　($\alpha=0.01$)　$\int_t^\infty f_{m,n}(x)dx=0.01$ となる m, n, t の値

m\n	1	2	3	4	5	6	7	8	9	10	12	15	20	30	40	60	120	∞
1	4052.2	4999.5	5403.3	5624.6	5763.7	5859.0	5928.3	5981.6	6022.5	6055.8	6106.3	6157.3	6208.7	6260.7	6286.8	6313.0	6339.4	6366.0
2	98.50	99.00	99.17	99.25	99.30	99.33	99.36	99.37	99.39	99.40	99.42	99.43	99.45	99.47	99.47	99.48	99.49	99.50
3	34.12	30.82	29.46	28.71	28.24	27.91	27.67	27.49	27.35	27.23	27.05	26.88	26.69	26.51	26.41	26.32	26.22	26.13
4	21.20	18.00	16.69	15.98	15.52	15.21	14.98	14.80	14.66	14.55	14.37	14.20	14.02	13.84	13.75	13.65	13.56	13.46
5	16.26	13.27	12.06	11.39	10.97	10.67	10.46	10.29	10.16	10.05	9.89	9.72	9.55	9.38	9.29	9.20	9.11	9.02
6	13.75	10.93	9.78	9.15	8.75	8.47	8.26	8.10	7.98	7.87	7.72	7.56	7.40	7.23	7.14	7.06	6.97	6.88
7	12.25	9.55	8.45	7.85	7.46	7.19	6.99	6.84	6.72	6.62	6.47	6.31	6.16	5.99	5.91	5.82	5.74	5.65
8	11.26	8.65	7.59	7.01	6.63	6.37	6.18	6.03	5.91	5.81	5.67	5.52	5.36	5.20	5.12	5.03	4.95	4.86
9	10.56	8.02	6.99	6.42	6.06	5.80	5.61	5.47	5.35	5.26	5.11	4.96	4.81	4.65	4.57	4.48	4.40	4.31
10	10.04	7.56	6.55	5.99	5.64	5.39	5.20	5.06	4.94	4.85	4.71	4.56	4.41	4.25	4.17	4.08	4.00	3.91
11	9.65	7.21	6.22	5.67	5.32	5.07	4.89	4.74	4.63	4.54	4.40	4.25	4.10	3.94	3.86	3.78	3.69	3.60
12	9.33	6.93	5.95	5.41	5.06	4.82	4.64	4.50	4.39	4.30	4.16	4.01	3.86	3.70	3.62	3.54	3.45	3.36
13	9.07	6.70	5.74	5.21	4.86	4.62	4.44	4.30	4.19	4.10	3.96	3.82	3.66	3.51	3.43	3.34	3.25	3.17
14	8.86	6.51	5.56	5.04	4.70	4.46	4.28	4.14	4.03	3.94	3.80	3.66	3.51	3.35	3.27	3.18	3.09	3.00
15	8.68	6.36	5.42	4.89	4.56	4.32	4.14	4.00	3.89	3.80	3.67	3.52	3.37	3.21	3.13	3.05	2.96	2.87
16	8.53	6.23	5.29	4.77	4.44	4.20	4.03	3.89	3.78	3.69	3.55	3.41	3.26	3.10	3.02	2.93	2.84	2.75
17	8.40	6.11	5.18	4.67	4.34	4.10	3.93	3.79	3.68	3.59	3.46	3.31	3.16	3.00	2.92	2.83	2.75	2.65
18	8.29	6.01	5.09	4.58	4.25	4.01	3.84	3.71	3.60	3.51	3.37	3.23	3.08	2.92	2.84	2.75	2.66	2.57
19	8.18	5.93	5.01	4.50	4.17	3.94	3.77	3.63	3.52	3.43	3.30	3.15	3.00	2.84	2.76	2.67	2.58	2.49
20	8.10	5.85	4.94	4.43	4.10	3.87	3.70	3.56	3.46	3.37	3.23	3.09	2.94	2.78	2.69	2.61	2.52	2.42
30	7.56	5.39	4.51	4.02	3.70	3.47	3.30	3.17	3.07	2.98	2.84	2.70	2.55	2.39	2.30	2.21	2.11	2.01
40	7.31	5.18	4.31	3.83	3.51	3.29	3.12	2.99	2.89	2.80	2.66	2.52	2.37	2.20	2.11	2.02	1.92	1.80
60	7.08	4.98	4.13	3.65	3.34	3.12	2.95	2.82	2.72	2.63	2.50	2.35	2.20	2.03	1.94	1.84	1.73	1.60
120	6.85	4.79	3.95	3.48	3.17	2.96	2.79	2.66	2.56	2.47	2.34	2.19	2.03	1.86	1.76	1.66	1.53	1.38
∞	6.63	4.61	3.78	3.32	3.02	2.80	2.64	2.51	2.41	2.32	2.18	2.04	1.88	1.70	1.59	1.47	1.32	1.00

$\int_t^\infty f_{a,b}(x)dx=0.99$ となる t の値は、この表の $m=b, n=a$ に対する値の逆数である.

217

附表6　t 分布

$\int_t^\infty f_n(x)dx = \dfrac{\alpha}{2}$ となる α, t の値

n \ α	0.100	0.050	0.025	0.010	0.005
1	6.314	12.706	25.452	63.657	
2	2.920	4.303	6.205	9.925	14.089
3	2.353	3.182	4.176	5.841	7.453
4	2.132	2.776	3.495	4.604	5.598
5	2.015	2.571	3.163	4.032	4.773
6	1.943	2.447	2.969	3.707	4.317
7	1.895	2.365	2.841	3.499	4.029
8	1.860	2.306	2.752	3.355	3.832
9	1.833	2.262	2.685	3.250	3.690
10	1.812	2.228	2.634	3.169	3.581
11	1.796	2.201	2.593	3.106	3.497
12	1.782	2.179	2.560	3.055	3.428
13	1.771	2.160	2.533	3.012	3.372
14	1.761	2.145	2.510	2.977	3.326
15	1.753	2.131	2.490	2.947	3.286
16	1.746	2.120	2.473	2.921	3.252
17	1.740	2.110	2.458	2.898	3.222
18	1.734	2.101	2.445	2.878	3.197
19	1.729	2.093	2.433	2.861	3.174
20	1.725	2.086	2.423	2.845	3.153
30	1.697	2.042	2.360	2.750	3.030
40	1.684	2.021	2.329	2.704	2.971
50	1.676	2.008	2.310	2.678	2.937
60	1.671	2.000	2.299	2.660	2.915
70	1.667	1.994	2.290	2.648	2.899
80	1.665	1.989	2.284	2.638	2.887
90	1.662	1.986	2.279	2.631	2.878
100	1.661	1.982	2.276	2.625	2.871
120	1.658	1.980	2.270	2.617	2.860
∞	1.6448	1.9600	2.2414	2.5758	2.8070

スネデカー, コクラン(畑村, 奥野, 津村訳):『統計的方法』(原書第6版), 岩波書店(1972)より引用.

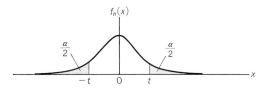

索引

ア　行

i 重マルコフ過程　183
誤り
　　第1種の――　146
　　第2種の――　147
一様分布　40
F 分布　125
　　スネデカーの――　125

カ　行

回帰係数　165
回帰直線　161
階級　101
χ^2 分布　121
ガウス分布　84
確率　18
　　――の公理　23
　　原因の――　30
　　存在の――　30
確率過程　177
確率関数　37
確率分布　41
確率変数　36
確率密度　37
片側検定　147
加法公式　24
完全確率の定理　26
観測度数　155
ガンマ関数　43
管理限界　118
棄却　144
危険率　144
期待値　42, 48
期待度数　155
帰無仮説　146
共通部分　3
共分散　61
空事象　23
空集合　3
区間推定　136, 139
組合せ　9
経験的確率　21
結合事象　18
原因の確率　30
検定　144
　　適合度の――　155
　　独立性の――　157

母数の—— 149
誤差法則　84
個体　98
根元事象　18

サ行

最小2乗法　163
採択　144
最頻度　105
最尤推定　137
最尤推定量　138
3シグマ限界　118
散布図　161
時系列　177
試行　18
事後確率　30
事象　18
時助変数　177
事前確率　30
ジップの法則　174
集合　2
自由度　121
周辺確率密度　58
周辺分布関数　58
順序対　6
順列　7
条件付き確率　27
条件付き確率密度　59
乗法定理　27
信頼区間　140
信頼限界　140
信頼水準　139
信頼率　140
推移確率　183
推移行列　185
推測統計　98
酔歩　178
数学的確率　19
スチューデント分布　129

スネデカーのF分布　125
正規分布　82, 87
　——の1次結合　115
正規母集団　107, 113
正の相関　167
積事象　23
積の法則　6
線形回帰モデル　163
全数調査　99
全体集合　3
相関
　——がない　62
　正の——　167
　負の——　167
相関係数　61, 167
相関図　161
双対原理　5
層別抽出　100
存在の確率　30

タ行

第1種の誤り　146
第2種の誤り　147
大数の法則　74
対立仮説　147
多項定理　14
多項分布　79
多次元正規分布　91
単純マルコフ過程　183
チェビシェフの不等式　46
チャップマン・コルモゴロフの式　186
中央値　104
中心極限定理　82, 86
超幾何分布　80
重複組合せ　10
重複順列　8
直積　6
t検定　150
t分布　129

適合度の検定　155
点推定　136
統計的確率　21
統計的仮説　144
統計的推定　136
統計的独立　31, 59
統計量　109
同時確率分布　55
独立試行　32
独立性の検定　157
度数　101
度数分布表　101
ド・モルガンの法則　4

ナ 行

2項係数　12
2項定理　12
2項分布　69
2次元一様分布　57
2次元確率分布　55
2次元正規分布　91

ハ 行

排反　23
パスカルの3角形　13
ヒストグラム　102
歪度　49
非復元抽出　33
標識　102
標準化変換　88
標準正規分布　82
標準偏差　44
標本　99
──の大きさ　99
標本回帰係数　165
標本確率変数　108
標本関数　177
標本空間　18
標本抽出　99

標本調査　99
標本標準偏差　105
標本分散　105, 109
標本分布　109, 119
標本平均　103, 109
品質管理　118
復元抽出　32
負の相関　167
部分集合　2
不偏推定量　136
分割表　157
分散　44
分布関数　38
平均　42
ベイズの定理　31
ベータ関数　44
ベルヌーイ試行　32
ベルヌーイ分布　69
変数変換　51
ベンの図　3
ポアソン分布　76
補集合　3
母集団　98
母集団分布　107
母数　107
──の検定　149
母相関係数　169, 170
母標準偏差　107
母比率　107
母分散　107
母平均　107

マ 行

マクスウェル分布　91
マルコフ過程　182
　i重──　183
　時間的に一様な──　183
　単純──　183
無限集合　2

無限母集団　98
無作為抽出　99
無作為標本　99
モーメント　48
モーメント母関数　50
モンテカルロ法　134

　　　　ヤ　行

有意水準　144
有限集合　2
有限母集団　98
尤度関数　138
要素　2

余事象　23

　　　　ラ　行

乱数　99
ランダムウォーク　178
離散変数　36
両側検定　147
連続変数　36

　　　　ワ　行

和事象　23
和集合　3
和の法則　5

薩摩順吉

1946年奈良県大和郡山に生まれる．1973年京都大学大学院工学研究科博士課程単位修得退学．京都大学工学部数理工学科助手，宮崎医科大学医学部一般教育助教授，東京大学工学部物理工学科助教授，同大学院数理科学研究科教授，青山学院大学理工学部物理・数理学科教授，武蔵野大学工学部数理工学科教授をへて，現在東京大学名誉教授，武蔵野大学名誉教授．工学博士．専攻，応用数理および数理物理学．特に非線形離散問題．

理工系の数学入門コース 新装版
確率・統計

1989年 2 月 8 日　初版第 1 刷発行
2019年 8 月 6 日　初版第 42 刷発行
2019年 11 月 14 日　新装版第 1 刷発行
2024年 6 月 5 日　新装版第 8 刷発行

著　者　薩摩順吉（さつま じゅんきち）

発行者　坂本政謙

発行所　株式会社 岩波書店
〒101-8002 東京都千代田区一ツ橋 2-5-5
電話案内 03-5210-4000
https://www.iwanami.co.jp/

印刷・理想社　表紙・精興社　製本・松岳社

Ⓒ Junkichi Satsuma 2019
ISBN 978-4-00-029889-6　　Printed in Japan

戸田盛和・中嶋貞雄 編
物理入門コース［新装版］
A5 判並製

理工系の学生が物理の基礎を学ぶための理想的なシリーズ．第一線の物理学者が本質を徹底的にかみくだいて説明．詳しい解答つきの例題・問題によって，理解が深まり，計算力が身につく．長年支持されてきた内容はそのまま，薄く，軽く，持ち歩きやすい造本に．

力　学	戸田盛和	258 頁	2640 円
解析力学	小出昭一郎	192 頁	2530 円
電磁気学Ⅰ　電場と磁場	長岡洋介	230 頁	2640 円
電磁気学Ⅱ　変動する電磁場	長岡洋介	148 頁	1980 円
量子力学Ⅰ　原子と量子	中嶋貞雄	228 頁	2970 円
量子力学Ⅱ　基本法則と応用	中嶋貞雄	240 頁	2970 円
熱・統計力学	戸田盛和	234 頁	2750 円
弾性体と流体	恒藤敏彦	264 頁	3410 円
相対性理論	中野董夫	234 頁	3190 円
物理のための数学	和達三樹	288 頁	2860 円

戸田盛和・中嶋貞雄 編
物理入門コース／演習［新装版］
A5 判並製

例解　力学演習	戸田盛和 渡辺慎介	202 頁	3080 円
例解　電磁気学演習	長岡洋介 丹慶勝市	236 頁	3080 円
例解　量子力学演習	中嶋貞雄 吉岡大二郎	222 頁	3520 円
例解　熱・統計力学演習	戸田盛和 市村純	222 頁	3740 円
例解　物理数学演習	和達三樹	196 頁	3520 円

―― 岩波書店刊 ――

定価は消費税 10％込です
2024 年 6 月現在

戸田盛和・広田良吾・和達三樹 編
理工系の数学入門コース
A5 判並製　　　　　　　　　　［新装版］

学生・教員から長年支持されてきた教科書シリーズの新装版．理工系のどの分野に進む人にとっても必要な数学の基礎をていねいに解説．詳しい解答のついた例題・問題に取り組むことで，計算力・応用力が身につく．

微分積分	和達三樹	270 頁	2970 円
線形代数	戸田盛和 浅野功義	192 頁	2860 円
ベクトル解析	戸田盛和	252 頁	2860 円
常微分方程式	矢嶋信男	244 頁	2970 円
複素関数	表　実	180 頁	2750 円
フーリエ解析	大石進一	234 頁	2860 円
確率・統計	薩摩順吉	236 頁	2750 円
数値計算	川上一郎	218 頁	3080 円

戸田盛和・和達三樹 編
理工系の数学入門コース／演習［新装版］
A5 判並製

微分積分演習	和達三樹 十河　清	292 頁	3850 円
線形代数演習	浅野功義 大関清太	180 頁	3300 円
ベクトル解析演習	戸田盛和 渡辺慎介	194 頁	3080 円
微分方程式演習	和達三樹 矢嶋　徹	238 頁	3520 円
複素関数演習	表　実 迫田誠治	210 頁	3410 円

――――――岩波書店刊――――――

定価は消費税 10% 込です
2024 年 6 月現在

新装版 **数学読本**(全6巻)

松坂和夫著　菊判並製

中学・高校の全範囲をあつかいながら，大学数学の入り口まで独習できるように構成．深く豊かな内容を一貫した流れで解説する．

1	自然数・整数・有理数や無理数・実数などの諸性質，式の計算，方程式の解き方などを解説．	226頁	定価2310円
2	簡単な関数から始め，座標を用いた基本的図形を調べたあと，指数関数・対数関数・三角関数に入る．	238頁	定価2640円
3	ベクトル，複素数を学んでから，空間図形の性質，2次式で表される図形へと進み，数列に入る．	236頁	定価2750円
4	数列，級数の諸性質など中等数学の足がためをしたのち，順列と組合せ，確率の初歩，微分法へと進む．	280頁	定価2970円
5	前巻にひきつづき微積分法の計算と理論の初歩を解説するが，学校の教科書には見られない豊富な内容をあつかう．	292頁	定価2970円
6	行列と1次変換など，線形代数の初歩をあつかい，さらに数論の初歩，集合・論理などの現代数学の基礎概念へ．	228頁	定価2530円

―――――― 岩波書店刊 ――――――

定価は消費税10%込です
2024年6月現在